培养优等生

心灵的减压是加油

岳墨兰 主编

黄河水利出版社
·郑州·

图书在版编目（C I P）数据

心灵的减压是加油 / 岳墨兰主编. — 郑州 ：黄河水利出版社，2013. 11
（培养优等生）
ISBN 978-7-5509-0619-8

Ⅰ. ①心… Ⅱ. ①岳… Ⅲ. ①心理压力-调节（心理学）-青年读物②心理压力-调节（心理学）-少年读物Ⅳ. ①B842.6-49

中国版本图书馆 CIP 数据核字(2013)第 275945 号

出版发行:黄河水利出版社
社　　址:河南省郑州市顺河路黄委会综合楼 14 层(编码:450003)
电　　话:0371－66026940
网　　址:http://www.yrcp.com

印　　刷:三河市人民印务有限公司
开　　本:787 mm×1 092 mm　1/16
印　　张:14.75
字　　数:265 千字
版　　次:2013 年 11 月第 1 版　2021年8月第2次印刷
定　　价:39.90元

目 录

生命是一支燃烧的蜡烛

生命有如火焰，然而焚毁的往往是生命自己。每当一个新生呱呱坠地，生命的火焰就会再度燃起。

生命之美 …… 佳 笔 / 2
狗这一辈子 …… 刘亮程 / 4
循序渐进的生命 …… 马鑫良 / 6
抱着生命过海洋 …… 程 武 / 8
平庸的爱人 …… 乔 叶 / 9
扛船赶路 …… 佚 名 / 11
生命清单 …… 沈 冰 / 12
别把梯子毁掉 …… 聂融笔 / 14
继承权 …… 宋丽妮 / 15

修养是充满魅力的资本

天资美不足为功，惟矫恶为善，矫惰为勤，方是为功。

空心看世界 …… 林清玄 / 17
慈悲与智慧 …… 林新居 / 18

笑纳生活 …… 刘　辉 / 20
心理美容 …… 刘正武 / 21
理直气和 …… 佚　名 / 23
坚强与脆弱 …… 阿　强 / 24
快乐实验 …… 张小失 / 25
那夜的烛光 …… 张晓风 / 27
离阳光只有五十米 …… 方冠晴 / 28
征　服 …… 阿　治 / 30
假的旁边是真的 …… 南　嫫 / 31

个性最具有魅力

一个人的个性都有它自己的一套，理智也会被它牵着鼻子走。

个性考试 …… 宋彦春 / 34
被解雇的经理 …… 周　杰 / 35
活得简朴和明智 …… 亨利·梭罗 / 36
反思的力量 …… 吴志强 / 37
走弯路有时最快 …… 寒　流 / 39
人生需要思想 …… 高　琦 / 40
用冰冷表现洁白 …… 李　敖 / 42
坚守你的高贵 …… 游宇明 / 43
我的心情我做主 …… 安　琪 / 44

在平凡中创造伟大

> 真正的英雄不是永远没有卑下的情操，只是永远不被卑下的情操所屈服罢了。

苏北少年女英雄——马秀英 …… 陈　原 / 47
重要的抉择 …… 方　圆 / 48
班超精神 …… 田勤勤 / 49
总统请你原谅 …… 明　鉴 / 50
隐伤不露稳军心 …… 王　枢 / 51
上将与下士 …… 韩　敬 / 52
鞋匠之子 …… 周叔问 / 53
卓别林摆脱持枪强盗 …… 叶　士 / 54
勇斩双头蛇的孙叔敖 …… 陶　潜 / 55

国家利益高于一切

> 必须经过祖国这一层楼，然后更上一层楼，达到人类的高度。

报效祖国 …… 程　风 / 58
牛贩子救国 …… 张欣民 / 59
死也不当亡国奴 …… 金时光 / 61
少年爱国者 …… 阿　辽 / 62
少年共产党员刘胡兰 …… 谢　欣 / 63
陶行知壁上留誓言 …… 解　元 / 64
王孙贾唤众救国 …… 阿　豆 / 66

戚继光为国除寇 …… 石　景 / 67
佟麟阁誓死抗敌 …… 湘　玉 / 69
边陲哨兵 …… 成元元 / 70

自信是一道亮丽的风景

对于凌驾命运之上的人来说，信心是命运的主宰。

自信是动力之源 …… 茂　林 / 73
面试的故事 …… 李　黎 / 74
不要被权威左右 …… 成　真 / 76
充满信心 …… 王　能 / 77
无知者无畏 …… 江　铃 / 78
换只手举高你的自信 …… 马国福 / 80
一句话的作用 …… 吴志强 / 81
扼守最后的希望 …… 袁　鸢 / 83
勇敢的挑战 …… 腾英超 / 85
小男孩救大兵 …… 艾兰妮·麦克唐娜 / 86
跳山羊 …… 王政芸 / 88
咬断后腿的狼 …… 陈金云 / 89
激情融化冰雪 …… 李素素 / 91

把握自我的价值

不尊重别人的自尊心，就好像一颗经不住阳光的宝石。

维护尊严 …………………………………… 吕作平 / 94
母亲墙，永远别绝望 …………………………… 王　莲 / 95
学会自尊 …………………………………… 钟振清 / 97
偶　像 …………………………………… 刘　墉 / 98
自动离职 …………………………………… 佚　名 / 99
乌克兰诗人 ………………………………… 几内亚 / 100
上帝没有轻看卑微 ……………………………… 郭欣文 / 101
穷人的风骨 ………………………………… 马　德 / 102

自强不息战胜自我

学贵自信自立，不是倚傍世界做得的。
自强像荣誉一样，是一个无滩的岛屿。

靠自己 …………………………………… 罗　西 / 105
生命常青于自立 ……………………………… 李素清 / 106
偶像的话 …………………………………… 艾　青 / 107
从口水中腾飞 ………………………………… 西尼亚 / 108
人生没有乞丐 ………………………………… 吴　私 / 110
不受嗟来之食 ………………………………… 李高峰 / 111
不　扶 …………………………………… 叶倾城 / 112
自强的我 …………………………………… 陈　超 / 113

我的心站起来了 …… 赵　伟 / 115
人生更短的东西 …… 孔　琪 / 117

亲情是温暖的心灵家园

亲情是人类情绪中最美丽的，因为这种情绪最没有利禄之心掺杂其间。

母亲的抉择 …… 程立祥 / 120
女人和孩子 …… 阿尔盖齐 / 122
孩子的礼物 …… 尤　今 / 123
无须择日的良辰 …… 佟　云 / 125
活着就有牵挂 …… 周玉明 / 126
淡淡的深情 …… 常跃强 / 128
履　痕 …… 雷抒雁 / 130
有爱的人生 …… 程绍德 / 132
爱的针法 …… 乔　叶 / 134
一磅亲情 …… 李　健 / 135

朋友一生一齐走

友谊在我过去的生活里就像一盏明灯，照彻了我的灵魂，使我的生存有了一点点光彩。

一个半朋友 …… 宋天天 / 139
因为有你 …… 红高粱 / 140
吃葡萄 …… 邵　健 / 142
三个朋友 …… 佚　名 / 143

曾经的友谊 …………………………………………………… 阙冰雪 / 144
握住我的手 …………………………………………………… 佚　名 / 146
倾　听 ………………………………………………………… 杨淑帆 / 147
天堂是个更大的笼子 ………………………………………… 赵海峰 / 149
多一句赞美声 ……………………………………… 雅特·鲍奇华 / 150
把“版权”让给总统 ………………………………………… 佚　名 / 152
记者与政治家 ………………………………………………… 郑　化 / 154
豺的下场 ……………………………………………………… 雨　薇 / 155
一顿早餐 ……………………………………………………… 丁晓杭 / 157
盛誉之下 ……………………………………………………… 张楚楚 / 159
倾听别人的故事 ……………………………………………… 本·杰克 / 160

奉献是最无私的情怀

一个没有受到奉献的热情所鼓舞的人，永远不会做出什么伟大的事情来。

种下真诚的种子，就会结出真诚的果实 ……………………… 谭小美 / 163
最珍贵的废书 ………………………………………………… 袁国良 / 164
做妈妈的妈妈 ………………………………………………… 殷　卫 / 166
快乐之道 ……………………………………………………… 柯　灵 / 167
爱心有限 ……………………………………………………… 高　虹 / 168
比尔·盖茨的遗嘱 …………………………………………… 黄小平 / 170
天使借宿 ……………………………………………………… 周　文 / 171
爱没有重量 …………………………………………………… 佚　名 / 172
长大的一刻 …………………………………………………… 姗　姗 / 173

只有情感最使人陶醉

感情就像奔流的河水，浅处哗哗直响，深处无声无息。

细心的爱传递 …… 张　翔 / 176
爱的细节 …… 晓　雅 / 177
一把温情的钥匙 …… 白音格力 / 178
让一只手承受全部的重量 …… 李传亚 / 180
永远的孩子 …… 王力军 / 181
没有等很久 …… 佚　名 / 182
打开心灵的钥匙 …… 王　佳 / 184
两个得到安慰的人 …… 伏尔泰 / 186
打开心窗 …… 马　德 / 188
钓蝴蝶的小姑娘 …… 佚　名 / 189
唯一的听众 …… 落　雪 / 190

理解是两颗心的重叠

为解决问题而读，你会觉得比漫无目的啃书本，有更多的乐趣。

牵　挂 …… 刘绍义 / 194
骚扰电话 …… 勇　军 / 195
为何要自讨苦吃 …… 白　金 / 196
爱情歌曲 …… 王建功 / 198
重要的日子 …… 杨立业 / 200

爱在鼾声中 …… 张　翔 / 202
谢谢你倾听我的歌 …… 部　落 / 203
那一夜,我开始成熟 …… 余　罗 / 205
站在山下看你 …… 继　固 / 206
公司的争吵 …… 马　强 / 207
小张与妻子 …… 毕　笙 / 208
叫出 5 万人的名字 …… 几　凡 / 209

启迪是直通心灵深处的隧道

平庸的老师只是叙述,好的老师讲解,优异的老师示范,伟大的老师启迪。

科赫迷恋细菌学 …… 苏　三 / 212
猫国审案 …… 吴宗达 / 213
忧患意识 …… 陆祖贤 / 214
十二头猪 …… 明　扬 / 215
狐狸与葡萄 …… 陈　湘 / 216
本　色 …… 顾　欣 / 217
失落的鸟蛋 …… 浩　然 / 218
换一颗纽扣 …… 王晶晶 / 219
施舍的树 …… 谢尔・西弗斯汀 / 220

生命是一支燃烧的蜡烛

生命有如火焰，然而焚毁的往往是生命自己。每当一个新生呱呱坠地，生命的火焰就会再度燃起。

——〔英〕萧伯纳

生命是纯净的火焰。我们活在世上，心中有一轮无形的太阳。

——〔英〕托·布朗

美丽是可以营造的。但真正的美丽却不应有丝毫人工的雕琢，它应是真实的沃土中盛开的鲜花。

生命之美

□佳　笔

街边新开了家礼品店，兼卖鲜花。一向无人送花给我，却又偏爱这份美丽。

一天，我走进礼品店。因不是什么节日，所以店中有些冷清。我问老板有没有鲜花，老板很为难地解释说，这几天没有上货，倒还有些郁金香，红色的，刚来时美丽极了，可现在……她指了一个大筒中零落着的十几枝鲜花，由于开始凋零，红得已不那么鲜艳了，而且花瓣上已出现了点点黑斑，表明它们已无多少时间。

见我不无惋惜的样子，老板似乎有些过意不去，“你买这些假花吧，刚上的货。”她热情地抱出好几束假花来，有玫瑰、郁金香，还有百合，做工精细得几乎可以乱真，一副新鲜、长寿的样子，闻起来还有隐隐的清香。老板似乎看出我心中的疑惑，忙解释说，这是新产品，花心是干花做的，而且所有材料都浸过香料，香味持久，既漂亮又便宜……“可惜，它们没有生命。”我悠悠道。

我欣然买下了所有的郁金香，告别了满脸不解的老板。抱着鲜花走在街上时，心情特别的舒畅，并且还有几分豪气。

美丽是可以营造的。但真正的美丽却不应有丝毫人工的雕琢，它应是真实的沃土中盛开的鲜花。世间所有人为的一切都无法与自然缔造的相比，而生命正是这美的极致。正如同鲜花与假花，高飞的蝴蝶与玻璃框中的标本一样。同样的外形，也许后者看起来更完美些，但后者永远不会得到珍爱。因为它们没有高贵的生命，没有令女孩子展开想象，让诗人们才思汹涌的灵魂。它们没有夜间默默开放的声响，没有纤细如婴儿皮肤般的花瓣，没有在清晨的雾气中挂着晶莹的露珠般娇柔。它们只是人们为留住美丽而产生的附属品，没有过去和将来，不会生长或衰败，没有辉煌与热烈，只能呆呆地等待着落满灰尘。

生命是美丽的，真正的美丽！虽然生命有时并不完美，正如我们有眼睛可以洞察世界，但难免面对污秽与悲惋；有脚可以前行，但难免会步入歧途；有耳能欣赏天籁之声也无法回避呻吟与哭喊；能闻到花香的清馨也难免浊气的涌入；尝过甘露也曾饱受苦果的折磨，但我们无法不去赞美生命的美丽。虽然生命会走向尽头，如同鲜花会繁衰，草木有枯荣，但这些世间的生命在自己有限的时间中展现了那么绚丽的风采。

也许生命的美丽也就在于坦然相呈自己的瑕疵吧。生命从不隐瞒自己的缺陷，也从不为美丽而粉饰自己。一切都是在自然的流露中，在质朴的过程里孕育出至善至美的杰作。

对于那些无生命的，在生命眼中也被赋予了灵魂，譬如群山的巍峨，江河的愤怒，大海的宽厚……都处处美丽，样样动人。

人类的艺术之美也是如同赋予了生命一般。音乐有了灵魂，便会在人们的心中跳跃、起舞；如心灵的火种，再由每个短促的生命传递下去，直到永恒。绘画、雕塑，对生命的挣扎、渴望、期待与梦想表现得越真实，那么它们其中蕴藏的智慧与真、善、美凝结起的灵魂便越伟岸、越高洁。

我珍惜生命，因为我崇拜真正的美丽。而不是人类自欺欺人的“假奶嘴”。怀中的郁金香让人顿生怜爱。现实生活中，我会怀抱着这份真美的瞬间，而不是虚假的永恒。

智慧链接

生命是崇高的，也是美丽的。虽然生命也会枯萎，也有尽期；有瑕疵，也有缺陷；但生命不矫饰，无虚伪，生便朝气蓬勃，死乃从容归去，在有限的时空中展示无限的风采。

这，就是生命之美。

这是条终于可以酣然入睡的狗，在人们久不再去的僻远路途，废弃多年的荒宅旧院，这条狗来回地走动，眼中满是人们多年前的陈事旧影。

狗这一辈子

□刘亮程

一条狗能活到老，真是件不容易的事。太厉害不行，太懦弱不行，不解人意、太解人意了均不行。总之，稍一马虎便会被人炖了肉剥了皮。狗本是看家守院的，更多时候却连自己都看守不住。

活到一把子年纪，狗命便相对安全了，倒不是狗活出了什么经验。尽管一条老狗的见识，肯定会让一个走遍天下的人吃惊。狗却不会像人，年轻时咬出点名气，老了便可坐享其成。狗一老，再无人谋它脱毛的皮，更无人敢问津它多病的肉体，这时的狗很像一位历经沧桑的老人，世界已拿它没有办法，只好撒手，交给时间和命。

一条熬出来的狗，熬到拴它的铁链朽了，不挣而断。养它的主人也入暮年，明知这条狗再走不到哪里，就随它去吧。狗摇摇晃晃走出院门，四下里望望，是不是以前的村庄已看不清楚。狗在早年捡到过一根干骨头的沙沟梁转转；在早年恋过一条母狗的乱草滩转转；遇到早年咬过的人，远远避开，一副内疚的样子。其实人早好了伤疤忘了疼。有头脑的人大都不跟狗计较，有句俗话：狗咬了你你还能去咬狗吗？与狗相咬，除了啃一嘴狗毛你又能占到啥便宜。被狗咬过的人，大都把仇记恨在主人身上，而主人又一股脑把责任全推到狗身上。一条狗随时都必须准备着承受一切。

在乡下，家家门口拴一条狗，目的很明确：把门。人的门被狗把持，仿佛狗的家。来人并非找狗，却先要与狗较量一阵，等到终于见了主人，来时的心境已落了大半，想好的话语也吓得忘掉大半。狗的影子始终在眼前窜悠，答问间时闻狗吠，令来人惊魂不定。主人则可从容不迫，坐察其来意。这叫未与人来先与狗往。

有经验的主人听到狗叫，先不忙着出来，开个门缝往外瞧瞧。若是不想见的人，比如来借钱的，讨债的，寻仇的……便装个没听见。狗自然咬得更起劲。来人朝院子里喊两声，自愧不如狗的嗓门大，也就缄默。狠狠踢一脚院门，骂声“狗日的”，走了。

若是非见不可的贵人，主人一趟子跑出来，打开狗，骂一句“瞎了狗眼了”，狗自会没趣地躲开，稍慢一步又会挨棒子。狗挨打挨骂是常有的事，一条狗若因主人错怪便赌气不咬人，睁一眼闭一眼，那它的狗命也就不长了。

一条称职的好狗，不得与其他任何一个外人混熟。在它的狗眼里，除主人之外的任何面孔都必须是陌生的、危险的。更不得与邻居家的狗相往来。需要交配时，两家狗主人自会商量好了，公母牵到一起，主人在一旁监督着。事情完了就完了，万不可藕断丝连，弄出感情，那样狗主人会妒忌。人养了狗，狗就必须把所有的爱和忠诚奉献给人，而不应该给另一条狗。

狗这一辈子像梦一样飘忽，没人知道狗是带着什么使命来到人世的。

人一睡着，村庄便成了狗的世界，喧嚣一天的人再无话可说，土地和人都乏了。此时狗语大作，狗的声音在夜空飘来荡去，将远远近近的村庄连在一起。那是人之外的另一种声音，飘忽、神秘。莽原之上，明月之下，人们熟睡的躯体是听者，土墙和土墙的影子是听者，路是听者。年代久远的狗吠融入空气中，已经成为寂静的一部分。

在这众狗狺狺的夜晚，肯定有一条老狗，默不作声。它是黑夜的一部分，它在一个村庄转悠到老，是村庄的一部分，它再无人可咬，因而也是人的一部分。这是条终于可以酣然入睡的狗，在人们久不再去的僻远路途，废弃多年的荒宅旧院，这条狗来回地走动，眼中满是人们多年前的陈事旧影。

智慧链接

一条狗能活到老是件不容易的事，那么，人呢？人活到老是件易事吗？当然也不是。俗话说，天有不测风云，人有旦夕祸福。灾难、不幸就像老朋友一样，常伴人生路上，稍有疏忽可能就会气绝人世，所以珍惜我们的生命吧，有了生命，世界才会丰富多彩。

我们的生命如同一张储存货币的卡一样，只有我们不断地往里面存，适当地往外取，才能保证这张卡的价值。

循序渐进的生命

□马鑫良

在印度洋海岛上，有一种红嘴的鸟，它的颜色深浅决定了在异性眼里受欢迎的程度。那些一心想让自己变得更受异性欢迎的鸟，必须调整体内的胡萝卜素。研究表明，胡萝卜素是促使颜色变红的主要原因，但同时也是鸟体内免疫能力不可或缺的重要元素。在异性鸟眼里，深度红嘴的鸟是鸟中精英，因为它有足够的胡萝卜素。尽管生物学家证明有很大一部分鸟是打肿脸充胖子，事实上把太多的胡萝卜素集中到嘴角的颜色装饰上会削弱体内正常的免疫能力，为了异于同类，在竞争中取胜，鸟以至于红“嘴”薄命。

关于鸟的故事让人往往想到人的生命。我们是不是会比这只鸟更聪明呢？很多时候我们忽视了生命的能量正被我们的无知和幼稚一点点地消耗，在没有能力储蓄时却过早地耗费了生命的资源，缩短了生命。

我的一个朋友在考研的路上过多地透支了生命，尽管学有所成，但健康却成了问题。他感慨道：其实我们的生命很长，没有必要一下子把生命的能量全部释放出来，循序渐进的生命对一般人来说是更重要的。

我们的生命如同一张储存货币的卡一样，只有我们不断地往里面存，适当地往外取，才能保证这张卡的价值。当我们无限制地透支时，这张卡不但没有了价值，反而成了负担和累赘。

一位作家曾经讲述过一个故事：一位计算机博士在美国找工作，他奔波多日却一无所获。万般无奈，他来到一家职业介绍所，没出示任何学位证件，以最低的身份作了登记。很快他被一家公司录用了，职位是程序输入员。不久，老板发现这个小伙子的能力非一般程序输入员可比。此时，他亮出了学士证书，老板给他换了相应的职位。又过了一段时间，老板发觉这位小伙子能提出许多有独特见解的建议，其本领远比一般大学生高明。此时，他亮出了硕士证书，老板立刻提拔了他。又过去了半年，老板发觉他能解决实际工作中遇到的所有技术难题，在老板再三盘问下，他才承认自己是计算机博士，因为工作难找，就把博士学位瞒了下来。第二天一上班，他还没来得及出示博士证书，老板已宣布他就任公司副总裁。

这个作家的意思是一个人要懂得生命的迂回，在没有机遇时要善于储蓄智慧，而不可把自己看得过重。其实，这位博士仍然遵循了循序渐进的人生哲学，适当地保存生命价值是非常重要的。而那红嘴鸟，只凭一时的勇气来展示自己，一不小心就会透支了生命，把整个生命都输进去了。

什么样的人生才具有生命力？像一条河流一样，它在行进过程中遇到山石或者草丛的阻挡时，懂得迂回而过，从而锻炼了生命。我们甚至可以认为，河水的流动是循序渐进的，如同我们的生命，总是能听到欢快的人生之曲。

智慧链接

如今，透支生命似乎成了一种光荣之事，酗酒、纵欲、没白天没黑夜地工作、不知疲倦地挣钱。品味不到生活的甜美，感受不到人生的快乐。

心急吃不了热豆腐，一口也吃不成胖子。生命之河是循序渐进的，缓缓流淌才能闻听欢快之曲。做一个优雅的人，享受优雅的生活，需细细品味“从容”二字。

痛苦应成为我们生命之舟上的压舱物，正因为有了它的存在，我们的船才得以稳健地前行。

抱着生命过海洋

□程　武

有这样一则希腊神话，阿波罗爱上了西比尔，并且告诉她，不管多少年，只要她手里有尘土，她就能活下去。随着时光流逝，西比尔日渐憔悴，终成空躯，却依然求死不得。孩子们问吊在瓶中的西比尔："你要什么?"她回答说："我要死。"

我认为死并非是上帝对我们的一种惩罚，倒是命运女神钟爱人类的标志。正如我们需要睡眠一样，我们需要死亡。正是死亡的黑暗背景衬托出了生命的光彩。试想，如果生命是无限的，我们还会觉得她可贵吗？如果生命像空气、沙粒一样取之不尽，用之不竭，她岂不是会像空气、沙粒一样无甚价值可言了吗？如果明天是无限的，那我们今天为什么要辛劳呢？一切都等到明天再说吧。假如这样等下去，我们能做成什么事呢？直到最后，我们一个个都成了瓶中的西比尔，那时也许才觉出死的可贵，生的可怕。

正因为有死亡，我们才这么珍惜生命。我们每个人都应成为优秀的舵手，驾驶自己的生命之舟轻快地航行。优秀的舵手善于对付痛苦，而现实中的许多人却因痛苦而导致海水没顶，过早走向死亡。痛苦应成为我们生命之舟上的压舱物，正因为有了它的存在，我们的船才得以稳健地前行。优秀的舵手还会摆脱魔鬼的诱惑，他们看淡尘世的物欲、烦恼，追求真理，他们一生光明磊落，表里如一。他们惜时如金，勤勤恳恳，度过丰富而有效的人生。

因为有死亡，我们才知道珍惜生命。因为有死亡，我们才肯去创造创新。世界本就是矛盾的统一体，一旦矛盾不存在了，人类便也走到了尽头。明白这个道理，我们就不应抱怨生活带给我们的种种苦难，正是因为这些苦难，提升了我们生活的质量，成就了我们的绮丽人生。

世上从来就没有平庸的爱，有的只是平庸的爱人。

平庸的爱人

□乔　叶

那一天，和夫君因为一点儿小事生气，刚好那天他要出短差——他常出这种四五天的短差。看着他一个人忙忙碌碌地收拾行李，我只是自顾自地看电视，连他讨好的搭讪也故意不睬。在他面前，我一向是逞强逞惯了的。

电视里正放着一部家庭生活连续剧。故事里的夫妻也是忽而缠绵缱绻，忽而横眉冷对。这天，男人带一位朋友回家，一进门就挨了女人一顿恶吵。男人却一点儿也不生气，平静地为朋友倒水泡茶。

“你涵养真好。”朋友笑道。

“不是涵养好不好的问题，”男人说，“我上午去了一趟太平间，面对死亡，我忽然觉得连痛苦都算得上是一种享受。至于能听到妻子吵架，简直就是一种幸福了。”

看到这里，我的心忽然一颤。听妻子吵架居然可以是一种幸福？这是怎样一种简单而又深刻的逻辑啊！我们常常感叹生活的艰辛、生存的烦恼和生命的缺憾，却不曾想到只要还系着一个“生”字，我们就已经承蒙着命运万分的恩宠了。

然而我们却感觉不到这些琐碎的历程中所蕴含着的快乐和幸福。生命是一片沃土，我们却总感到各种各样的肥料有些肮脏；生命是一道大菜，我们却总尝到有些佐料不免刺舌；生命是一件华衣，我们却总是看到几种颜色有些扎眼。我们总是觉得不满意，常常感到沮丧和失望，却从没有想到，当你垂老暮年的时候这些看似艰难、坎坷和不顺的事物是多么的珍贵和可爱。

夫君来告别的时候，我忽然搂住他的腰，感到一种深深的恐惧。我怕他会喝多酒，怕他会走错路，怕他感冒，怕他把衬衣穿反……怕自己来不及后悔就会失去。不论是我，还是他，失去对我们都意味着一种致命的伤痛。

我的任性和疏忽，是对他的一种犯罪。而他一直默默地纵容着我的犯罪。

为什么我们拥有便会忽略？常见便会厌倦？熟视便会无睹？

我方才明白：世上从来就没有平庸的爱，有的只是平庸的爱人。

我但愿自己不是。

智慧链接

感受到死亡的人，才会感觉生命的可贵。

是啊，生死不过瞬间，死了一切都会失去，包括你的痛苦，你的不满，你的牢骚，死亡将带走你的一切。我们有什么理由不珍惜活着的每一分、每一刻，我们有什么理由抱怨我们必须面对的一切！

我们应该感谢命运赐予的万分恩宠。只要我们还活着！

原来，生命是可以不必如此沉重的。

扛船赶路

□佚　名

一个青年背着一个大包裹，千里迢迢跑来找无际大师。他说：“大师，我是那样的孤独、痛苦和寂寞，长期的跋涉使我疲倦到极点；我的鞋子破了，荆棘割破双脚，手也受伤了，流血不止；嗓子因呼喊而喑哑……为什么我还不能找到心中的阳光?”

大师问：“你的大包裹里装的什么?”青年说：“它对我可重要了。里面是我每一次跌倒的痛苦，每一次受伤后的哭泣，每一次孤寂时的烦恼……靠着它，我才能走到您这儿来。”

于是，无际大师带青年来到河边，他们坐船过了河。上岸后，大师说：“你扛了船赶路吧!”“什么？扛了船赶路?”青年很惊讶，“它那么沉，我扛得动吗?”“是的，孩子，你扛不动它。”大师微微一笑，说：“过河时，船是有用的，但过了河，我们要放下船赶路，否则，它会变成我们的包袱。痛苦、孤独、寂寞、灾难、眼泪，这些对人生都是有用的，能使生命得到升华，但须臾不忘，就成了人生的包袱。放下它吧！孩子，生命不能太负重。”

青年放下包袱，继续赶路。他发觉自己的步子轻松而愉悦，比以前快得多。原来，生命是可以不必如此沉重的。

一位心理学家曾针对烦恼作了一个颇具趣味的实验。

他要求一群实验者在周日晚上把未来7天会出现的烦恼的事情都写下来，然后投入一个大型的纸箱里。第三周的星期日，他在实验者面前打开这个箱子，与他们逐一核对每项“烦恼”，结果发现其中百分之九十的担忧并没有真正发生。接着，他又要求大家把那些真正发生的百分之十的“烦恼”重新丢入纸箱中，等三周后再来商讨解决的办法。结果到了那一天，他开箱后，发现那些剩下的百分之十的烦恼已经不再是那些实验者的烦恼了，因为他们都有能力对付了。

所以，当烦恼烟消云散，当风雨过后，我们将不再是过去的自己，我们已获得了新生。

我真的无法想象，要不是这场病，我的生命该是多么的糟糕。

生命清单

□沈　冰

五官科病房里同时住进来两位病人，都是鼻子不舒服。在等待化验结果期间，甲说，如果是癌，就立即去旅行，并首先去拉萨。乙也同样如此表示。结果出来了：甲得的是鼻癌，乙长的是鼻息肉。

甲列了一张告别人生的计划表离开了医院，乙住了下来。甲的计划表是：去一趟拉萨和敦煌，从攀枝花坐船一直到长江口，到海南的三亚以椰子树为背景拍一张照片，在哈尔滨过一个冬天，从大连坐船到广西的北海，登上天安门，读完莎士比亚的所有作品，力争听一次瞎子阿炳原版的《二泉映月》，写一本书……凡此种种，共27条。

他在这张生命的清单后面这么写道：我的一生有很多梦想，有的实现了，有的由于种种原因没有实现。现在上帝给我的时间不多了，为了不遗憾地离开这个世界，我打算用生命的最后几年去实现还剩下的这27个梦想。

当年，甲就辞掉了公司的职务，去了拉萨和敦煌。第二年，又以惊人的毅力和韧性通过了成人考试。这期间，他登上过天安门，去了内蒙古大草原，还在一户牧民家里住了一个星期。现在这位朋友正在实现他出一本书的夙愿。

有一天，乙在报上看到甲写的一篇散文，打电话去问甲的病。甲说，我真的无法想象，要不是这场病，我的生命该是多么的糟糕，是它提醒了我，去做自己想做的事，去实现自己想去实现的梦想。现在我才体味到什么才是真正的生命和人生。你生活得也挺好吧！乙没有回答。因为在医院时说的去拉萨和敦煌的事，早已因患的不是癌症而放到脑后去了。

智慧链接

文中两个病人对待生命的态度各异：得癌症的病人甲决心实现自己的那27个梦想，病人乙却在医院安心养病，把曾经的愿望抛在脑后。

病人甲之所以去努力实现自己的梦想，是因为他懂得时间的珍贵，他知道生命是短暂的，而病人乙却没有想到这些。

在这个世界上，人们最不可抗拒的便是死亡。所以，在这有限的生命里，我们应该尽力体现生命的价值，实现自己的梦想。

只知道成功的方向是远远不够的。

别把梯子毁掉

□聂融笔

一只经历坎坷的老猫，在猫际社会中悟出了一系列如何成为猫上猫的哲理警训，经过它的策划与教诲，很多猫都出类拔萃地有了建树。

一只黑猫找到老猫，它想超过所有被老猫点拨过的猫。老猫想了想说：“要想超过它们，除非你变成身披凤羽的猫王，只有这样你才能一统猫界，独自为尊。”黑猫大悦，忙问：“如何才能身披凤羽而成猫王？”老猫告诉它，只要向南山的凤凰仙子送上厚礼，凤凰仙子自然会赐它一身五彩缤纷的凤羽。

黑猫害怕老猫再把这个成为猫上猫的方法传授给别的猫，它两拳就将老猫打死。老猫临死时说：“你会后悔的，只知道成功的方向是远远不够的。”

黑猫准备了999只老鼠，送到了南山。只食五谷从不杀生的凤凰仙子大怒：“我只收亲手耕耘而收获的五谷！”她当即赐给黑猫一身象征奸诈险恶的鹰的羽毛，只给它留了一只猫头。

此时黑猫十分后悔，它后悔没有留着老猫为自己成为猫王做更详细的指导。

智慧链接

当你毁掉助你攀升的梯子，就注定了你将要从攀升中跌落的命运。

这些日子富翁一直在苦苦思索，到底让哪个儿子继承遗产？富翁百思不得其解。

继承权

□宋丽妮

两个儿子大了，一个富翁老了。

这些日子富翁一直在苦苦思索，到底让哪个儿子继承遗产？富翁百思不得其解。

想起自己白手起家的青年时代，他忽然灵机一动，找到了考验他们的好办法。

他锁上宅门，把两个儿子带到一百里外的一座城市里，然后给他们出了个难题，谁答得好，就让谁继承遗产。

他交给他们一人一串钥匙、一匹快马，看他们谁先回到家，并把宅门打开。

马跑得飞快，所以兄弟两个几乎是同时回到家的。

但是面对紧锁的大门，两个人都犯愁了。

哥哥左试右试，苦于无法从那一大串钥匙中找到最合适的那把；弟弟呢，则苦于没有钥匙，因为他刚才光顾了赶路，钥匙不知什么时候掉在了路上。两个人急得满头大汗。

突然，弟弟一拍脑门，有了办法，他找来一块石头，几下子就把锁砸了，他顺利进去了。

自然，继承权落在了弟弟手里。

智慧链接

命运的大门往往是没有钥匙的，它的钥匙把握在每一个人的手中、心中。

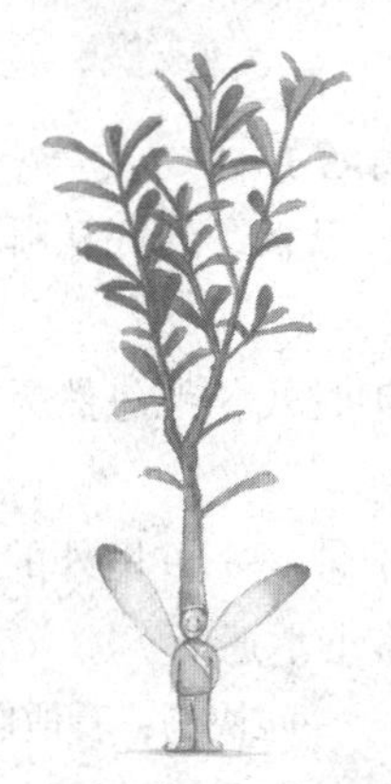

修养是充满魅力的资本

没有教养、没有学识、没有实践的人的心灵好比一块田地，这块田地即使天生肥沃，但倘若不经耕耘和播种，也是结不出果实来的。

——〔德〕格里美尔斯豪森

人要空心来面对世界，真比空心菜还难啊！

空心看世界

□林清玄

看到水田边一片纯白的花，形似百合，却开得比百合还要繁盛，姿态非常优美，我当场就被那雄浑的美震慑了。

“这是什么花？”我拉着田边农夫问道。

“这是空心菜呀！”农夫说。

原来空心菜可以开出这么美丽明艳的花，真是做梦也想不到。我问农夫：“可是我也种过空心菜，怎么没有开过花呢？”

他说：“一般人种空心菜，都是还没有开花就摘来吃，怎么会看到花呢？我这些是为了做种，才留到开花呀！”

我仔细看水田中的空心菜，花形很像百合，美丽也不输给百合，并且具有一种非常好闻的香气。如果拿来作为瓶花，也不会输给其他的名花呢！可惜，空心菜是菜，总是等不到开花就被摘掉，一般人总难以知道它开花是那么美。纵使有一些做种的空心菜能熬到开花，人们也难以改变观点来看它。

我们只有完全破除对空心菜的概念，才能真正看见空心菜的美，这正是从空心菜来看世界。

但是，人要空心来面对世界，真比空心菜还难啊！

气节和正义是与品德紧紧相连的，一旦失去了品德，气节和正义也就毫无意义可言了。当一个人的思想品德达到至高境界时，和普通人并没有什么不同的地方，只是达到自然的本身面貌。正像那空心菜，表现出纯真的自然本性。这洁白、空心的大花是神的化身。佛法里修的就是要像这样的万象皆空，才能达到心灵的完整。于空心来看世界，无心才能安心。真正做到空心看世界并非易事，不如像曼陀罗一样，只在夜里独自芬芳吧。

“就是这样吗?”短短的一句话里，蕴含了无限的慈悲与智慧。

慈悲与智慧

□林新居

日本的白隐禅师，是位生活纯净的修行者，因此受到乡里居民的称颂，都认为他是个可敬的圣者。

有一对夫妇，在他住处附近开了一家食品店，家里有一个漂亮的女儿。不意间，夫妇俩发现女儿的肚子无缘无故地大起来。

这种见不得人的事，使得她的父母震怒异常！好端端的黄花闺女，竟做出不可告人的事。在父母的逼问下，她起初不肯招认那个人是谁，但经过一再苦逼之后，她终于吞吞吐吐说出“白隐”两字。

她的父母怒不可遏地去找白隐理论，但这位大师不置可否，只若无其事地答道：

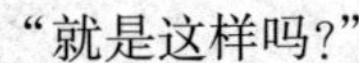

"就是这样吗?"

孩子生下来后，就被送给白隐。此时，他的名誉虽已扫地，但他并不以为然，只是非常细心地照顾孩子——他向邻居乞求婴儿所需的奶水和其他用品，虽不免横遭白眼，或是冷嘲热讽，他总是处之泰然，仿佛他是受托抚养别人的孩子一般。

事隔一年后，这位没有结婚的妈妈，终于不忍心再欺瞒下去了。她老老实实地向父母吐露真情：孩子的生父是在鱼市工作的一名青年。

她的父母立即将她带到白隐那里，向他道歉，请他原谅，并将孩子带回。

白隐仍然是淡然如水，他没有表示，也没有乘机教训他们；他只是在交回孩子的时候，轻声说道："就是这样吗?"仿佛不曾发生过什么事；即使有，也只像微风吹过耳畔，霎时即逝。

白隐超乎"忍辱"的德行，赢得了更多、更久的称颂。

想想我们所遇到的挫折或耻辱，比之白隐，又算得了什么?白隐泰然自若，淡然处世的情怀，真不愧为一代禅师!

"就是这样吗?"那么慈悲，那么轻柔。那是恒久的忍耐化为无形的坚毅，那是凡事包容化成无上悲悯。

"就是这样吗?"无数的干戈，都化成了片片的玉帛。

"就是这样吗?"短短的一句话里，蕴含了无限的慈悲与智慧。

智慧链接

这位禅师的修行，可谓达到了出神入化的地步，他的慈悲心理，他的包容心态，升华了他的人格，锤炼了他的性情，他的所作所为已达到了当地人心目中的"圣人"境界，确实可钦可佩。

生活是多姿多彩的，关键是看你以什么样的眼光看待它；拥有一个正确的视角，你会发现——生活是多么美好！

笑纳生活

□刘　辉

曾经读过一则故事：在一个山村，有一对残疾夫妇，女人双腿瘫痪，男人双目失明。春天，男人背着女人到山坡播下一粒粒种子；夏天，男人背着女人在庄稼丛中除草施肥；秋天，男人背着女人在忙碌地收获着丰收的果实……一年四季，女人用眼睛观察生活，男人用双腿丈量生活。时光如水，却始终未冲刷掉洋溢在他们脸上的幸福。

当有人问他们为什么幸福时，他们异口同声地反问："我们为什么不幸福呢？"男人说："我虽然双目失明，但她的眼睛看得见呀！"女人说："我虽然双腿瘫痪，但他的双腿能走呀！"

这是一种豁达乐观的胸怀，一种左右逢源的人生佳境！

拥有了这种胸怀，心灵如同有了源头活水，时时滋润灵动的眼睛，去发现美，欣赏美——姹紫嫣红草、长莺飞是美，大漠孤烟、长河落日也是美；荷败菊谢大煞风景吗？为什么不用心去品味"留得残荷听雨声""菊残犹有傲霜枝"的优美意境呢？在城市，有霓裳倩影、车水马龙、高楼大厦的繁华热闹；在乡村，有小桥流水、麦浪滚滚、蛙声一片的淳朴宁静。

拥有了这种胸怀，心灵则空明澄澈，超然于名利纷争之外，感到宁静和满足。身居高位，钟鸣鼎食掌印管符，可谓荣华富贵；人在陋室，"可以调素琴阅金经"，逗虫鱼养花鸟，自怡心性淡泊明志；驰骋政坛跃马商场，可以体会到奋斗的满足与成就；拥有一份普通工作，日出而作日落而息，尽享天伦，能感受到生活的平和安逸。"芙蓉如面柳如眉"，是先天的骄傲，

“腹有诗书气自华”的浸润，更能使你出类拔萃、卓尔不群；即便是遇到挫折“行到水穷处”，也要坦然地迎难而上，潇洒地“坐看云起时”。

生活是多姿多彩的，关键是看你以什么样的眼光看待它；拥有一个正确的视角，你会发现——生活是多么美好！

智慧链接

岁月如流，生活中总会有种种不平和磨难，但是，只要你心里充满了阳光，所有流汗淌泪的日子也会灿烂生花，种种苦涩就会化为唇边云淡风轻的一抹微笑。帝王将相，挥洒江山；平民百姓，笑傲江湖。何其乐哉！

心理美容无须投资，却效果绝佳！

心理美容

□刘正武

美容是一桩非常有技术性的事，我对美容的技术性问题本来一窍不通。这天我接到一位编辑的约稿信，上面写着：“每次去编务处取信，都没有您的来稿，心里空落落的，不免有些伤感。也真应了名家的稿子难约这句话。我是山里来的孩子，委实不懂这些，我还在等着……窗外飘起了雪花，记得给您写第一封信时外面的树还是绿色的，现在都已飘零……”读这信时，妻子恰走过我身边，忽问：“你怎么了?”她一般是不过问我这类事的，我倒奇怪起来，反问她：“你觉得我怎么了？”她说：“以往你拆看这些约稿信时，很少现在这个模样……”我再问：“现在模样怎么了？”她说：“脸上线条柔和多了！”妻子的话，给了我灵感。

为什么我读了这位编辑的信，脸上线条柔和了？很显然，是心理活动使然。可见，美容除医学技术层面和美学理论的层面，恐怕还有个心理的层面。一个竭尽了一切技术手段进行了美容的人，倘若他或她的心理状态不佳，甚或很坏，那么，形于色后，给人的总体印象，恐怕很难是美的。因此，心理美容，也就是注意调节自己的心理状态，使自己能坦然地直面现实，善意地周旋于人际，从容地对待得失，宽容地吸纳异见，保持对大自然的欣赏力，以及对所有小生灵的怜爱，等等，都是重要的。当我们心中求真、向善、寻美的意愿充沛时，纵使我们在技术性美容上稍差一些，往往也还是能给人以相当的愉悦感。

是呀，你或许会说，外貌美与心灵美应当统一，你是在强调心灵美吧？

我以为心灵美是个比较大的概念，与具体的美容问题相衔接好比把大象小鸟并列议论，不大容易说清。我还是在心理活动这个层面上来说说美容。比如说，在社交场合，即使你在美容的技术层面上已然“天衣无缝”了，可是，倘若你在心理调节上失之于粗陋，那么，你的容颜风度还是有可能大打折扣。这往往与你总体上心灵美不美构成着另外的问题。心灵美的人倘不注意个人卫生、不注意适度美容，外在形象上也很可能不佳；心灵美的人即使也很注意美容，倘在临场的心理调节上控制失度，也可能影响到他或她在别人眼中的总体形象。这样说来，我所谓的心理美容，也有某种可操作性，亦即技术性了。比如，在社交场合聚集交谈时，有人很粗鲁，甚至于有点幸灾乐祸地指出你说错了一个年代，或念了一个白字，这时，你倘若心理上不能承受，立即反唇相讥，以牙还牙，那么，你纵使化妆得很美，脸上的线条也一定会大变形，令旁观者感到失却风度。正确的心理美容手段应是：尽量谦逊地容纳哪怕是不甚友好的挑剔，脸上的线条，以及整个肢体语言，都绝不变形；当然，也并不排除在气定神闲之际，幽默几句，或巧妙地将疏漏找补回来。

心理美容无须投资，却效果绝佳！

提高自己的文化修养、道德修养，纵然在外貌上不大动干戈，照样能显示出一个人的风度和美姿。反之，就是天天美容，夜夜润肤，仍然能露出你的丑陋。就好比一个打扮妖艳、浓妆艳抹的妇女在公共场所骂大街一样，纵然有如花的容颜，人们看到的也只是她的粗鄙。

理直的人要用气和来交朋友！

理直气和

□佚　名

“小姐，你过来！你过来！”一位顾客高声喊，指着面前的杯子，满脸寒霜地说，“看看！你们的牛奶是坏的，把我一杯红茶都糟蹋了！”

“真对不起！”服务小姐赔着不是笑道，“我立刻给您换一杯。”

新红茶很快就准备好了，碟边跟前一杯一样，放着新鲜的柠檬和牛奶，小姐轻轻放在顾客面前，又轻声地说：“我是不是能建议您，如果放柠檬，就不要加牛奶，因为有时候柠檬会造成牛奶结块。”

那位顾客的脸，一下子红了，匆匆喝完茶，走出去。有人笑问服务小姐：“明明是他土。你为什么不直说他呢？他那么粗鲁地叫你，你为什么不还以颜色？”

“正因为他粗鲁，所以要用婉转的方式对待；正因为道理一说就明白，所以用不着大声！”小姐说，“理不直的人，常用气壮来压人。理直的人要用气和来交朋友！”

有一句老话叫“有理不在声高”，为什么一两句话就说明白的事要粗喉咙大气地嚷呢？“和气生财”一句看似平凡的话蕴含着深刻的哲理。

于是，“脆弱”被叫作“虚伪”，“坚强”被叫作“冷漠”。

坚强与脆弱

□阿　强

上帝的身边有两个孩子。一个叫“坚强”，另一个叫“脆弱”。上帝有双尖锐的眼睛，于是他依他们的本性给他们起了名字。上帝说，如果有一天，你们可以相互融合，那么便是完美。

开始的时候，“坚强”和“脆弱”都是天真的孩子。不同的只是，“坚强”多些笑容，而“脆弱”多些眼泪。天堂是干净的地方，他们可以无忧无虑的生活。

慢慢地长大，慢慢的碰触一切。

天堂里的天使们是好心的，她们关爱的看护着“脆弱”，因为那是需要人保护的孩子。她有清澈的眼睛和透明的肌肤。可是她总是忧愁。天使们想让她快乐，偶尔，“脆弱”脸上浮现的甜美笑容让大家都感到满足。

于是，“坚强”被渐渐冷落。她漆黑的眼瞳里看不到一丝悲哀，上翘的嘴唇让大家都觉得她很快乐。有时候，天使从她的身边经过，天使总是微笑着说，你是好孩子，要一直都这么坚强，我们都很爱你。

渐渐的，“脆弱”开始依赖这种呵护。她总是把心底的痛苦夸大了放到脸上，她满足地吮吸着天使们的温暖。

渐渐的，“坚强”开始习惯这种冷落。她总是什么都不说，她只是在脸上装一个透明的面具。

后来，“脆弱”变了，哪怕心底充满欢乐，脸上依然荡漾着忧愁。

后来，“坚强”变了，哪怕心底悲伤的彻底，脸上依然有笑容充数。

终于，上帝发现了她们的异样，她们的欺骗。上帝很愤怒，不知是因为她们，还是因为自己。上帝说，我要把你们打入地狱。是的，在上帝面前，自己永远是对的。

地狱里是肮脏的，撒旦是狰狞的。

撒旦嘲笑着叫她们的名字，“脆弱”，“坚强”，我会给你们新名字。

于是，“脆弱”被叫作“虚伪”。

于是，“坚强”被叫作“冷漠”。

智慧链接

坚强永远是坚强，他总是掩饰自己的痛苦，强装颜欢；而脆弱永远显那么弱不禁风，即使得到别人的同情，他也是强装苦痛。我们的选择是该坚强时就坚强，该脆弱时就脆弱，永远要活出自己的本色。

你该感谢那些伙伴才对，因为有他们在看着你炫耀；如果没有观众，你再了不起，又怎样呢？

快乐实验

□张小失

记得儿时一次与小伙伴玩耍闹了矛盾，我大骂对方是笨蛋，他当然很恼火，也骂我是大笨蛋。吵嚷间，我叫道："上次考试我得了第一名，你是第十七名，你才是笨蛋——大笨蛋!"

小伙伴一下憋红了脸，站在那里不动，怒目相向，就快打起来了。

恰巧这时父亲走过来，他严肃地批评我不该骂人，要我当场向小伙伴道歉，然后拉着我回家了。

父亲刚从省城出差回来，带了些东西。他在包里摸出几本小人书给我，我高兴坏了！父亲笑眯眯地瞅着我，说："还不快去操场，在小伙伴们面前炫耀一下?"我立即跑出门。

吃晚饭的时候，父亲问我："怎么样? 伙伴们眼馋不?"我得意地说："那当然，那些小人书他们都没有看过!"父亲笑道："不忙，还有更好的东西给你呢!"我急了："真的? 是什么嘛!"

父亲故意卖关子。直到晚饭后，天黑透，他才将"更好的东西"拿出来——一把玩具冲锋枪！乖乖，我激动得要飞！手一抠，"嗒嗒嗒"、"嗒嗒嗒"！还带亮闪闪的红绿灯呢!

父亲仍然笑眯眯地说："那么，你再去操场上，在小伙伴们面前炫耀一下?"我愣住了，怀疑地望着父亲："天黑了，哪儿有人呢?"父亲说："管他有人没人，你一个人也可以去操场上炫耀一下嘛!"我使劲摇头："一个人炫耀啥? 你是怎么啦? 爸爸!"

父亲这时才掏出心里话："儿子，我是给你做实验呢！白天，你拿着小人书，可以在小伙伴们面前炫耀；现在天黑了，你有了更值得自豪的冲锋枪，却无法炫耀，为什么?"我没有回答。父亲继续说："白天我碰见你和小伙伴吵架，你拿第一名来炫耀，伤害别人的自尊心，这是不对的。他是你的伙伴，是朋友，不要把别人当作自己的炫耀对象，直到有一天，所有的伙伴都离开你，看你还向谁炫耀去?"父亲摸着冲锋枪，说："如果你在炫耀中获得了心理满足，我看，你该感谢那些伙伴才对，因为有他们在看着你炫耀；如果没有观众，你再了不起，又怎样呢?"

这个实验结论已伴随我走过多年，如今，每当我看见别人炫耀自己的财富、地位或其他值得炫耀的东西时，我就会宽容地笑笑，想起自己天真而又幼稚的童年。

父母是我们一生中最好的老师，有文化的父母一定会言传身教自己的儿女。文中的父亲用心良苦，用事实让儿子明白了一个人生的哲理，使他在以后的生活中受益无穷。

与朋友相处，就要以诚相待，一定要注意朋友的感受。要谦卑，不要过分张扬，否则就会失去许多朋友。“红花还需绿叶配”，当你失去了周围人的信赖，即使是颗珍珠，也黯然失色了。我们一生会遇到许多的朋友，一定要善待他们！

一句不经意的赞赏，竟使时光和周围情境都变得值得追忆起来。

那夜的烛光

□张晓风

临睡以前，女儿赤脚站在我面前说：

“妈妈，我最喜欢的就是台风。”

我有点生气。这小捣蛋，简直不知人间疾苦，每刮一次台风，有多少屋顶被掀跑，有多少地方会淹水，铁路被冲断，家庭主妇望着几元一斤的小白菜生气……而这小女孩却说，她喜欢台风。

“为什么？”我尽力压住性子。

“因为有一次台风的时候停电……”

“你是说，你喜欢停电？”

“停电的时候，我就去找蜡烛。”

“蜡烛有什么特别的？”我的心渐渐柔和下来。

“我拿着蜡烛在屋里走来走去，你说我看起来像小天使……”

那是许多年前的事了吧。我终于在惊讶中静穆下来，她一直记得我的一句话，而且因为喜欢自己在烛光中像天使的那份感觉，她竟附带的也喜欢了台风之夜。一句不经意的赞赏，竟使时光和周围情境都变得值得追忆起来。那夜，有个小女孩相信自己像天使；那夜，有个母亲在淡淡的称许中，制造了一个天使。

智慧链接

赞美可以改变一个人的一生。赞美可以让一个人更注意自己、尊重自己、喜欢自己、爱惜自己。

赞美，对别人是温暖；赞美，对自己是文明；赞美对于我们共同的生活，则是一枝永不凋谢的鲜花！

说出你的赞美吧，赞美你遇到的每一个好人，赞美你所看到的一切美好事物，那样，你的生活将充满花香。

其实，只要他俩再向前走几步，转一个弯，就能看到洞口的阳光。

离阳光只有五十米

□方冠晴

某山区有个废弃的矿井。本来，矿工们在遗弃它时，已将入口堵死了，但天长日久，风吹雨淋，已被堵死的矿井口坍塌了，露出一个黑黑的洞来。

两个在山上放牛的男孩发现了洞口，他们对洞内的未知世界十分好奇，很想到洞内上看个究竟。于是，他俩举着火把，钻进洞里去，呈现在他俩眼前的是一个新奇的世界。矿井极深极长，且纵横交错，很像是一个地下迷宫。两个男孩顿时兴起，就顺着一条偏井走了进去。

不一会儿，火把燃尽了，他们俩顿时置身于无边的黑暗和冷寂之中。两个人都有些害怕了，慌忙往回走。

但是，他俩却找不到洞口。

恐惧和焦虑越来越甚，他俩在偏井里面盲目地左冲右撞……

三天后，孩子的父母在矿井里找到了这两个男孩的尸体。他俩尸体的所在位置，离主井的出口不到 50 米。法医尸检时说，这两个男孩不是死于饥饿和寒冷，依据他俩的生理能量，完全可以走出井口获救。

分析的结果是，这两个男孩是死于心理上的恐惧和绝望。

可以想象，这两个男孩也曾在矿井里努力地寻找出口，但因为久久没有找到，所以就陷入了极度的恐惧和无边的绝望之中，正是这种恐惧和绝望，最终使他们放弃了努力，而在离井口不到 50 米的地方放弃了生还的希望。其实，只要他俩再向前走几步，转一个弯，就能看到洞口的阳光。

智慧链接

世间有许多事我们都无法把握，但只要你向心中的目标努力拼搏，你就有希望成功。可是，有人在拼搏一阵子后，便绝望了，便放弃了努力。也许在你放弃努力的时候，离成功也不到 50 米，只要你向前再走几步，就能看到灿烂的阳光，但由于你的放弃，你就永远与阳光无缘了。

有时罪恶会被一个幼小的生命征服，不是因为他强大和伟大，而是仅仅在于他是一个需要生存权利的生命而已。

征　服

□阿　治

有一劫犯在抢劫银行时被警察包围，无路可退。情急之下，劫犯顺手从人群中拉过一个当人质。他用枪顶着人质的头部，威胁警察不要走近，并且喝令人质要听从他的命令。

警察四散包围，但不敢离去。劫犯挟持人质向外突围。突然人质大声呻吟起来。劫犯忙喝令人质住口，但人质的呻吟声越来越大，最后竟然成了痛苦的呐喊。

劫犯慌乱之中才注意到人质原来是一个孕妇，她痛苦的声音和表情证明她在极度惊吓之下马上要生产。鲜血已经染红了孕妇的衣服，情况十分危急。

一边是漫长无期的牢狱之灾，一边是一条即将出生的生命。劫犯犹豫了，选择一个便意味着放弃另一个，而每一个选择都是无比艰难的。周围的人群，包括警察在内都注视着劫犯的一举一动，因为劫犯目前的选择是一场良心、道德与金钱、罪恶的较量。

终于，劫犯缓缓举起了枪——他将枪扔在了地上，随即举起了双手。警察一拥而上。围观者竟然响起了掌声。

孕妇已不能自持，众人要送她去医院。已戴上手铐的劫犯忽然说："请等一等，好吗？我是医生！"警察迟疑了一下，劫犯继续说，"孕妇已无法坚持到医院，随时会有生命危险，请相信我！"警察终于打开了劫犯的手铐。

一声洪亮的啼哭惊动了所有听到它的人，人们高呼万岁，相互拥抱。劫犯双手沾满鲜血——是一个崭新生命的鲜血，而不是罪恶的鲜血。他的脸上挂着职业的满足和微笑。人们向他致意，忘了他是一个劫犯。

警察将手铐戴在他手上，他说："谢谢你们让我尽了一个医生的职责，这个小生命是我从医以来第一个在我枪口下出生的婴儿，他的勇敢征服了我。我现在希望自己不是劫犯，而是一名救死扶伤的医生。”

有时罪恶会被一个幼小的生命征服，不是因为他强大和伟大，而是仅仅在于他是一个需要生存权利的生命而已。生命的征服就是如此简单。

这是一个绝对真实的故事，它发生在美国的洛杉矶市，时间是1999年7月25日。

这就是人性的力量，劫犯虽然是一个亡命徒，但对一个即将出生的生命，他的心灵还是发生了震颤，灵魂受到炙烤，最后终于放下屠刀，挽救了一个新生命。这是曲动人心魄的人性的赞歌。

我不禁又担心，我们有如此聪明可爱的孩子，会不会被愚蠢的大人们给硬生生地教傻了？

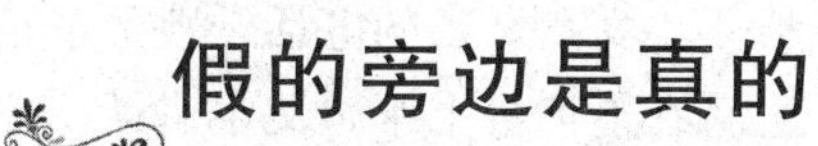

假的旁边是真的

□南　嫫

我很喜欢一个电视节目，那是一个让小孩子表现他们聪明才智的节目。好看的主要原因是，在这个节目里，一方可以肆无忌惮地嘲弄另一方，而另一方并不认为自己被嘲弄；一方是10岁以下的孩子，另一方是已经成人的主持人。主持人怎么可能被小孩子嘲弄呢？于是，大部分情况下，看起来是主持人在逗孩子。事实上，主持人确实被小孩子的诚实和聪明嘲弄了。

一次，小孩子讲了孔融让梨的故事，讲完后，主持人问：“如果你有两块西瓜，一块大，一块小，你会把大的给别人，还是把小的给别人？”

小孩答：“大的给别人”。

主持人问："为什么呢？"

小孩答："因为大的我也吃不了。"

精彩。可见这孩子不仅让了梨，还比孔融会想问题。当然，没准儿，孔融也是这么想的。

可主持人竟哀叹道："唉，还是没明白孔融为什么让梨，要谦让，小宝宝，记住啊，要谦让。"

另一次，主持人问："有两块巧克力，一块是假的，一块是真的，你怎么分辨呢？"

第一个小孩轻松地回答："尝一尝。"第二个小孩就不耐烦了，他指指第一个小孩说："她知道。"

主持人问："她为什么会知道呀？"

小孩更不耐烦："她尝了！"

第三个小孩给出了更为惊人的答案。她说："真的旁边那块是假的。"

刹那间，却见主持人不置可否，相互对视，然后作一脸苦笑状，继续发问道："那你怎么知道哪块是真的呢？"

小女孩不屑地眨了一下眼睛说："假的旁边那块是真的。"

这聪明的孩子，真让人感动，她竟然会用逻辑反证。

大人到底是否比小孩聪明？该节目又一次给出了答案。

主持人在现场拨通了小女孩父亲的电话，她父亲是一名援藏干部。电话拨通后，主持人一直趴在电话机上跟她父亲讲话，那孩子却像主持人一样，站在旁边听他们对话。大约小女孩觉得主持人实在是忘了主持节目，忘了自己的职责，就主动承担起主持的角色。主持人正趴在电话机上时，小女孩在旁边解说道："这是很感人的。"

现场顿时笑晕了一片，主持人仍然没有反应。

我不禁又担心，我们有如此聪明可爱的孩子，会不会被愚蠢的大人们给硬生生地教傻了？

智慧链接

孩子的可爱就在于率直、纯真，如果孩子多了大人的心眼，那就不叫孩子了。

个性最具有魅力

一个人的个性都有它自己的一套，理智也会被它牵着鼻子走。

——〔美〕索尔·贝娄

一棵树上很难找到两片叶子形状完全一样，一千个人之中也很难找到两个人在思想情感上完全协调。

——〔德〕歌德

“因材施教，对症下药”乃育人之真理也。

个性考试

□宋彦春

王老板在商场上春风得意，可教育自己的儿子却非常失败。王小毛在学校里是天不怕地不怕的混世魔王，十分厌学，门门功课亮红灯。这天，王老板找到我，请我当他儿子的家教。我说本人何德何能呢。王老板言：“听说你上课学生可随便发言，课堂气氛非常活跃。你经常到一些偏远地区自费旅游，可见你不是个凡人，我儿子一定喜欢让你调教。”我说那就试试吧。

第一次和小毛会面，我特意给他来了个不凡的亮相。我脸没洗，胡子没刮，穿着打补丁的牛仔裤，脚上趿拉一双旧拖鞋。可能我这酷毙的形象让这位以叛逆自居的少年产生共鸣了吧，当我拿出一份卷子要考试时，他竟然没有反对。他说：“考多少分才入您老人家的法眼啊？”“0 分。”他以为自己听错了，又问：“多少？”“0 分！”“好，考 100 分我没胜算，但考个 0 分我还是蛮有把握的。咱们说好了的，如果这份卷子我考了 0 分，您就自动辞职，可不许反悔的。”我坚定地回答：“不悔，不悔。”

第一题，《静夜思》的作者是谁？A 李白 B 杜甫 C 白居易。小毛说：“三岁小孩都知道是李白，可我就不选他。”他选的是 B。第二题，中国的首都是 A 南京 B 北京 C 天津。小毛一乐，选了 A。再做第三题时，小毛犯了愁。辛亥革命爆发于哪年？A　1901 年 B　1911 年 C　1922 年。他犹犹豫豫地选了 B，看来他想考 0 分的愿望实现不了了，因为辛亥革命正是爆发于 1911 年。

小毛拿着自己考了 30 分的试卷，一脸的不服气。问：“下次考试我可以看书吗？”“当然可以，不过卷子肯定要比现在这一份难。你有考 0 分的信心吗？”“有！”第一天家教顺利结束。我觉得小毛他已上套了。

以后的日子里，小毛对我给他安排的每一场个性考试都非常重视，凝神思考，翻阅群书，终于让他考了一次0分。但他并没有赶我走的意思，还恳求继续出试卷，他要争取不看书也能考个0分。

暑假过去了，我辞去所有家教返回学校。后来我接到了王老板的感谢电话，说他儿子和以前相比学习上有了可喜的进步。

看来“因材施教，对症下药”乃育人之真理也。

智慧链接

“因材施教，对症下药”，道理每个老师都懂，可真能很好地运用到实践中，却未必每个老师都做得到。

一个班级的学生少则四五十个，多则七八十个，成绩好、中、差均有，王老板儿子学习上的进步，验证了个性考试的重要性。

我们必须努力地工作，才能拥有一个漂亮的个人简历，才能在人才竞争中永远有自己的市场！

被解雇的经理

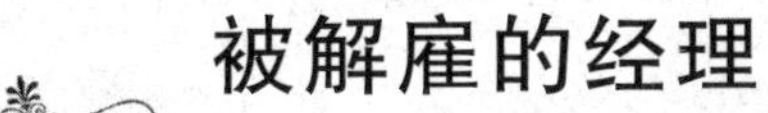

□周　杰

在经济危机的波及下，米歇尔制药公司这个行业老大也不得不裁员。它将裁减三分之一的员工，以保证整个公司良好运行。

谁也没想到，裁员名单上的第一位竟是一个为公司工作了近15年的部门经理。

雇员们对他的离开十分惋惜，纷纷前来送行。他辛辛苦苦为公司工作

15 年，却在公司并不十分艰难的情况下被迫离开，大家都为他打抱不平。

这位经理却十分淡然。他说：“其实我工作这 15 年并不是为公司，也不是为老板，而是为我的个人简历。”

雇员们听后大惑不解。

经理解释道：“现代社会的公司并不像以前那些企业一样需要所谓的‘忠诚’，不可能再有一进公司便能养老的情况。裁员、调职都是必然的。这就需要我们为自己打算一下。我们必须努力地工作，才能拥有一个漂亮的个人简历，才能在人才竞争中永远有自己的市场！而在挣取个人简历的同时，我们自然也对公司作出了贡献。”

闻此肺腑之言，雇员们茅塞顿开。

智慧链接

大多数人都抱有这样一种想法，上学时是在为父母读书，工作后是为公司卖命。于是，我们干任何事情都觉得毫无意义，都觉得那只是为了别人而做，与自己毫无关系。而真实的情况是，我们在为别人努力做事的同时，也在亲身书写着自己的人生简历，也在铺就着自己将来的发展道路。既然这样，为什么不在我们的简历上好好地写下每一笔呢？

一个人未必要靠额上的汗水来挣得生计，除非他比我还容易出汗。

活得简朴和明智

□亨利·梭罗

信念和经验都使我坚信，在这个地球上保持一个人的自我，不是一件苦事，而是一件乐事，只要我们愿意活得简朴和明智。你看，那些较为简朴的民族以之为职业的，那些较为浮华的民族仍然以之为娱乐。一个人未必要靠额上的汗水来挣得生计，除非他比我还容易出汗。

我的相识中有位小伙子，继承得几十亩田产。他对我说，他觉得应该像我一样生活，假如他有我这份条件。无论如何，我都不想让任何人采取我的活法。因为，不等他相当地学会了我现在的活法，我也许已经为自己找到了另一种。非止此也，我还希望，世界上最好各色各样的人都有，花色越多越好。只是，我愿他们每一个人都非常审慎地找到并走上他自己的路，而不是他父亲的、母亲的或是邻人的。那位年轻人可以建造、可以种植、可以出航，只是千万不要让他固执于学我。只有经过深思熟虑，我们才可达于智慧之境。你看那水手或逃奴，他们晓得把眼睛一直看着北沙。仅这一点智慧，就足以引导我们终生。我们也许有能预卜到达港湾的日期，可我们却会保持正确的航线。

智慧链接

每个人都应该有自己独立的性格和志向，每个人都应该审慎地走向自己的人生之路，力图不要蹈前人的覆辙，这样世界才会越来越精彩，人生也会越来越辉煌。

我们公司之所以三次用同一张试卷对你们进行考核，不仅仅是考你们的知识，也在考你们的反思能力。

反思的力量

□吴志强

朋友应聘一家独资公司。

该公司把前来应聘的人安排在会计室分三天做三次考核。

第一次考试，朋友便以 99 分的好成绩排在第一。一位叫小米的女孩以 95 分的成绩排在第二。

第二次考试试卷一发下来，朋友感到纳闷，当天的试题和第一次的试题完全一样。开始她认为发错了试卷。但监考人员一再强调，试卷没有发错。既然试卷没有发错，朋友也懒得去想，自信地把笔一挥，还不到考试规定时间的一半，试卷便全填满了。朋友把试卷一交，其他应聘的考生也陆陆续续地把试卷交了上去。人人脸上都春风得意，显然，个个都认为自己胜券在握。第二次考试考分一出来，朋友仍以 99 分不动摇的成绩排在第一。而那位交卷最晚的女孩小米以 98 分的成绩排在第二。

第三天准时进行第三次考试。

“这次该不会拿同样的题目给我们考吧？”

进考场前，应聘的考生们议论纷纷。

试卷一发下来，考场上顿时开了锅，因为试卷和前两次完全一样！

“安静，安静，大家听我说，这次考题和前两次一样，都是公司的安排。公司怎么安排，我们就怎么执行，如有谁觉得这种考核办法不合理你可以放下试卷，我们随时放你出考场。”

监考人员把桌子拍得“啪啪”响。

众人一看招聘人员发怒了，只好老老实实低下头去答卷。

这次考试更省事儿，绝大部分考生和朋友一样，根本用不着看考题，“刷刷刷”就直接把前两次的答案给搬上去了。不到半个钟头，整个考场都空了。只有那位叫小米的考生仍托腮拍脑，绞尽脑汁冥思苦想。时而修改，时而补充，直到收卷铃响才把答卷交了上去。

第三次考分出来，朋友长长舒了一口气。她仍以 99 分的成绩排在第一。不过这次没有独占鳌头。考生小米这次也以 99 分的好成绩和她并列第一。但朋友一点也不担心被她挤下来。

第四天录用榜一公布，朋友傻眼了：上面只有小米的名字，她落选。朋友当时就找到总经理办公室，理直气壮地质问他：

“我三次都考了 99 分，为什么不录用我而录用了前两次考分都低于我的考生呢？你们这种考核公平吗？”

朋友显得异常激动。

总经理笑呵呵地凝视着我的朋友，直到她心平气和才开口说话了。

“小姐，我们的确很欣赏你的考分，但我们公司并没有向外许诺，谁考了最高分就录用谁。考分的高低对我们来说只是录用职员的一个依据，并非最终结果。不错，你次次都考了最高分，可惜你每次的答案都一模一样，一成未变。如果我们公司也像你答题一样，总用同一种思维模式去经营，能摆脱被淘汰的命运吗？我们需要的职员不单单要有才华，她更应该懂得反思，善于反思、善于发现错漏的人才能有进步，职员有进步，公司才能有发展，我们公司之所以三次用同一张试卷对你们进行考核，不仅仅是考你们的知识，也在考你们的反思能力。这次你未能被选用，我实在抱歉。”

朋友哑口无言。羞愧难当地退出了总经理的办公室。

智慧链接

这种别出心裁的考试，把屡次高分的第一名淘汰，而把次递增加分数的小姐录用了。这种求新务变的风格确实值得我们反思：一个公司假若用一成不变的思维模式去经营，必会被瞬息万变的市场所淘汰，所以他们这种录用人才的方法是非常高明的。

人生不怕走弯路——弯路，有时就是最快的路。

走弯路有时最快

□寒　流

坐在出租车上，司机问我：“走最短的路还是走最快的路？”我有些好奇：“最短的路不是最快的路吗？”“当然不是。”司机说：“现在是上下班高峰，最短的路经常交通堵塞，走的时间长，如果绕道而行，多跑点路，可能早到。”

走最短的路还是走最快的路？一个人不止在坐车时遇到这种情况，很多时候都面临这样的选择。有一次，我和一位朋友去伏牛山区游玩，从山底到山顶的直线距离很近，可所有通向山顶的大路都是盘山而上的，路的距离是直线到山顶的几倍甚至几十倍。朋友不听劝阻，执意要走距山顶最短的小路，并打赌看谁先到达山顶。结果我在山顶喝光了两瓶水后他才气喘吁吁地从山的后面爬了上来。他说：“我原来想抄近路先你一步抵达山顶，没想到中途没路，幸亏我知道怎样利用阳光识别方向，否则……”

在实现梦想走向成功的途中，我们常常幻想走最短的路能够最快抵达，却很少人知道“捷径”的中间没有路。“捷径”仅仅是一种诱惑。当我们明白这个道理时，人生的许多风景早已悄然而逝。

人生不怕走弯路——弯路，有时就是最快的路。

乘缆车上山顶，快是达到了，却错过了许许多多奇异的风景。直通车式的平坦人生，幸则幸矣，却缺少了历经磨难的色彩，失去了欣赏风雨之后见彩虹的机会。

学我者生，似我者死。

人生需要思想

□高　琦

有个故事，总喜欢讲给学生听。

在清代乾隆年间，有两个书法家，一个极认真地模仿古人，讲究每一笔每一画都要酷似某某，如某一横要像苏东坡的，某一捺要像李太白的。自然，一旦练到了这一步，他便颇为得意。另一个则正好相反，不仅苦苦地练，还要求每一笔每一画都不同于古人，讲究自然，直到练到了这一步，才觉得心里头踏实。

那么，究竟谁更高明呢？那个故事没说，只是交待了一个情节——有一天，第一个书法家嘲讽第二个书法家，说："请问仁兄，您的字有哪一笔是古人的？"后一个并不生气，而是笑眯眯地反问了一句："也请问仁兄一句，您的字，究竟哪一笔是您自己的？"第一个听了，顿时张口结舌。

从创造学的观点看，第一个书法家毫无出息，除了没完没了地重复别人，实在是一无所有，可怜至极；第二个书法家则孜孜不倦地钻研，造就自己独特的个性，做到了"我就是我！"

于是想起了齐白石先生的一句名言："学我者生，似我者死"。个性是区别大众的。正因为个性的差异，才构成人生万象的异彩纷呈，才谈得上相互学习、相互促进、相互吸引。心心相印，才能领悟到幸福的真谛。

佛招弟子，应试者 3 人：一个太监，一个嫖客，一个疯子。

佛首先考问太监："诸色皆空，你知道么？"

太监跪答："知道。学生从不近女色。"

佛一摆手："不近女色，怎知色空？"

佛又考问嫖客："悟者不迷，你知道么？"

嫖容笑答："知道。学生享尽天下美色，可对哪个都不迷恋。"

佛一皱眉："没有迷恋，哪来觉悟？"

最后轮到疯子了。佛微睁慧眼，并不发问，只是慈祥地看着他。

疯子捶胸顿足，凄声哭喊："我爱！我爱！"

佛双手合十："善哉，善哉。"

佛收留疯子做弟子，开启他的佛性，终成正果。

智慧链接

成功者都是有个性的；跟着别人跑，跟着别人学，永远也不可能获得大成功。因此，要根据自己的个性，思考未来，去设计一条适合自己的成功的路线和方法，万是高人。成功往往属于那些有思想、有个性的人，只知一味地模仿他人，没有自我的人永远只能做个庸人。

人们总怪雪冰冷，雪却不解释，它只用洁白答复了一切。

用冰冷表现洁白

□李　敖

二十五年没见过雪，这次久别重逢，你的感觉自然是深刻动人的。你说“假如人的品德能像雪那样洁白，心地不像雪那样冰冷该有多好”，但你有没有注意到，有些洁白，却只能用冰冷来表现？

一般情的标准，是人之常情的标准，生离死别，送往迎来，待人接物等无不在人之常情标准上朝前滑，大家也照例办事，不以为弃。但有些人——极少的一些人，他们的表现却好像是不近人情、冰冷的；有的人好朋友死了，他只三号而出（秦失）；有的人太太死了，他却鼓盆而歌（庄周）；有的人弟弟死了，他却不办丧事（张良）；有的人独生子少小离乡，到外埠求学，临走前她一滴眼泪都不掉（胡适母亲）。

有个小男孩，跟他爷爷感情最好，两人常常一块儿去钓鱼。后来他大了，一天爷爷死了，在开追悼会的时候，他却没有参加。他独自一人，跑到常跟爷爷钓鱼的地方，流连了一下午——参加追悼会，是人之常情；但不参加，却是用冰冷表现了另一种方式。

有个绝代佳人（汉武帝李夫人），病得快死了，她心上的人来看她，她拒绝见面，她要她心上人的印象里，永远留下一个最美丽的她，而不是一个人老珠黄的她——死前见最后一面，是人之常情，但不见面，却是用冰冷表现了另一种方式。

有个公认的伟人（林肯），跟他父亲闹别扭，他寄钱给父亲养老，却不肯回去看看，父亲临死前，他也不肯，他说：“我们再见面，痛苦多于快乐。”——死前见最后一面，是人之常情，但不见面，却是用冰冷表现了另一种方式。

雪的表面很冰冷，但雪化成溪，溪汇成河，作用就非常明显了。但人们总怪雪冰冷，雪却不解释，它只用洁白答复了一切。

智慧链接

对生命的眷恋，对人世的爱护，救世的热情，却往往以“冰冷”的方式表现出来，这难道不值得我们深思吗？

高贵的心灵是一个美丽的住所，哪怕是遭遇到最大的阻力，也要想办法抵达胜利。

坚守你的高贵

□游宇明

三百多年前，建筑设计师克里斯托·莱伊恩受命设计了英国温泽市政府大厅。他运用工程力学的知识，依据自己多年的实践，巧妙地设计了只用一根柱子支撑的大厅天花板。一年以后，市政府权威人士进行工程验收时，却说只用一根柱子支撑天花板太危险，要求莱伊恩再多加几根柱子。

莱伊恩自信只要一根坚固的柱子足以保证大厅安全，他的“固执”惹恼了市政官员，险些被送上法庭。莱伊恩非常苦恼，坚持自己原先的主张吧，市政官员肯定会另找人修改设计；不坚持吧，又有悖自己为人的准则。矛盾了很长一段时间，莱伊恩终于想出了一条妙计，他在大厅里增加了四根柱子，不过这些柱子并未与天花板接触，只不过是装装样子。

三百多年过去了，这个秘密始终没有被人发现。直到前两年，市政府准备修缮大厅的天花板，才发现莱伊恩当年的“弄虚作假”。消息传出后，世界各国的建筑专家和游客云集，当地政府对此也不加掩饰，在新世纪到来之际，特意将大厅作为一个旅游景点对外开放，旨在引导人们崇尚和相信科学。

作为一名建筑师，莱伊恩并不是最出色的。但作为一个人，他无疑非常伟大，这种伟大表现在他始终恪守着自己的原则，给高贵的心灵一个美丽的住所，哪怕是遭遇到最大的阻力，也要想办法抵达胜利。

智慧链接

任何胜负都不是一时能决定的，不到最后谁也看不清楚。人生也同样如此，不到生命的最后谁也不能下定论这一生是失败或成功的。

“自己本身就是太阳”，首先要有这样的决心，就算目前有任何烦恼，只要自己是太阳，“早晨”一定会到来，“晴朗”的日子一定会到来，“春天”一定会到来。

为什么要让他决定我的行为？

我的心情我做主

□安　琪

著名专栏作家哈理斯和朋友在报摊上买报纸，那朋友礼貌地对报贩说了声谢谢，但报贩却冷口冷脸，没发一言。

“这家伙态度很差，是不是？”他们继续前行时，哈理斯问道。

“他每天晚上都是这样的，”朋友说。

“那么你为什么还是对他那么客气？”哈理斯问他。

朋友答道："为什么我要让他决定我的行为？"

智慧链接

一般人，总是一报还一报，你对我热情，我对你笑脸，你对我冷淡，我对你无情。即使自诩为心地善良，心胸宽广的人，也会被别人的心情、态度所左右。

在平凡中创造伟大

真正的英雄不是永远没有卑下的情操，只是永远不被卑下的情操所屈服罢了。

——〔法〕罗曼·罗兰

英雄是不顾死活去创造生命的人，是战胜死亡的人……

——〔苏〕高尔基

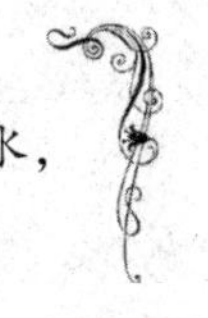

秀英被肆意凌辱，严刑拷打：鞭子抽，杠子压，灌辣椒水，坐老虎凳……

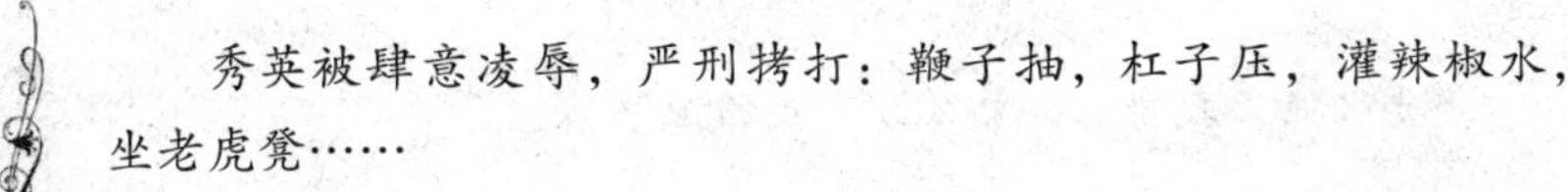

苏北少年女英雄——马秀英

□陈　原

马秀英，1929年6月生。江苏淮安县石塘区南涧乡近采桥镇（今淮安市朱桥镇洼圩村）人，出身于穷苦农民家庭。1945年10月16岁加入中国共产党。1946年2月担任石塘区黄卢（南）村妇女会长。

1946年12月，一天下午，石塘圩子的五六个还乡团分子来抓马秀英和妇女会成员。此时，秀英和几个妇女会员正在黄卢村为联防队做军鞋。秀英接到村民报告，即分头转移。她扮成回娘家的小媳妇向东南方走，在洼圩北门遇上黄兆云带领的“还乡团”。黄兆云一眼认出秀英，一群还乡团分子像疯狗似的窜上来，一拥而上扭住她的胳膊，把她押到周庄圩子里。

在周庄圩子里，黄兆云妄图从她的口中得知我地方党组织的秘密以及妇女会成员的名单，对她软硬兼施，逼问共产党组织和妇女会员名单。秀英被肆意凌辱，严刑拷打：鞭子抽，杠子压，灌辣椒水，坐老虎凳……

面对酷刑，秀英斩钉截铁地回答：“要人头有一颗，要名单办不到！”

最后，黄兆云把她押到仇夏庄残杀。马秀英牺牲时年仅17岁。

智慧链接

革命先烈的鲜血染红了国旗，更可贵的是她们宁死不屈的精神感染了一代又一代人。

“要么毁灭我自己，要么毁灭我的国家”。

重要的抉择

□方　圆

当朱利斯·恺撒来到意大利的边境卢比孔河时，看似神圣而不可侵犯的卢比孔河使他的信心有所动摇。他想到如果没有参议院的批准，任何一名将军都不允许侵略一个国家。但是他的选择只有两种——“要么毁灭我自己，要么毁灭我的国家”，最后他的坚定信念没有动摇。他说：“不要惧怕死亡”，于是他带头跳入了卢比孔河。就是因为这一时刻的决定，世界历史随之而改变。

和拿破仑一样，恺撒能在极短的时间里做出重要的抉择，哪怕牺牲一切与之有冲突的计划。恺撒带着他的大军来到大不列颠，那里的人们誓死不投降。恺撒敏捷的思维使他明白，他必须使士兵们懂得胜利和死亡的利害关系。为了消除一切撤退的可能，他命令将大不列颠海岸所用的船只全部烧掉，这样也就没有了逃跑的可能性。如果不能取得胜利就意味着死亡。这一举动是这场伟大战争最终取得胜利的关键所在。

智慧链接

获得成功的最有力的办法，是迅速做出该怎么做一件事的决定。排除一切干扰因素，而且一旦做出决定，就不要再继续犹豫不决，以免我们的决定受到影响。有的时候犹豫就意味着失去。实际上，一个人如果总是优柔寡断，犹豫不决，或者总在毫无意义地思考自己的选择，一旦有了新的情况就轻易改变自己的决定，这样的人成就不了任何事！消极的人没有必胜的信念，也不会有人信任他们。自信积极的人就不一样，他们是世界的主宰。

第二天早晨，班超捧着匈奴使者的头去见鄯善国王，国王大惊失色。

班超精神

□田勤勤

汉明帝时，班超奉命带领 36 人去西域鄯善国，谋求建立友好邦交关系。

刚到该国，鄯善国王对汉朝使团十分恭敬殷勤，但几天后，态度突然变了，变得越来越冷漠。班超警觉起来，派人打听，原来是匈奴的一个 130 多人的使团正在暗中加紧活动，向鄯善国王施压，欲把鄯善国拉向北方。

形势十分严峻。班超对大家说：

“现在匈奴使团才来几天，鄯善国王就对我们逐渐疏远了，倘若再过几天，匈奴把他彻底拉过去，说不定会把我们抓起来送给匈奴讨好，到那时，我们不但完不成使命，恐怕连性命也难保！怎么办？”

“生死关头，一切全听您的。”随从们态度坚定，但也表示出担心，“我们毕竟只有 36 人，我们能怎么办呢？”

班超斩钉截铁地说：

“不入虎穴，焉得虎子。今天夜里就行动，以迅雷不及掩耳之势，一举消灭匈奴使团！唯有如此，才有可能使鄯善国王诚心归顺我们汉朝。”

当天深夜，班超带领 36 个人，借着夜色掩护，悄悄摸到匈奴人驻地，对 130 多人的匈奴使团——四倍于自己的敌人，毅然发动了袭击，并一举歼灭了他们。

第二天早晨，班超捧着匈奴使者的头去见鄯善国王，国王大惊失色。

匈奴使者被杀，鄯善国王已经不可能再和匈奴人和好，于是只好同意和汉朝永久友好。

班超敢于冒险、当机立断、马上行动的忠勇与胆略，也随着“不入虎穴，焉得虎子”这一句成语而标榜史册，传诵千古。

林肯替他向陆军部请了假，并亲自乘车送那位团长到码头。

总统请你原谅

□明　鉴

美国南北战争初期北军的失败，给林肯带来了极大的烦恼。这天，有一位养伤的团长直接向总统恳求准假，因为他的妻子遇难，生命垂危，林肯厉声斥责他：“你不知道现在是什么时期吗？战争！苦难和死亡压迫着我们，家庭的感情在和平的时候会使人快活，但现在它没有任何余地了！”团长失望地回旅馆休息。翌日清晨，天还没亮，忽然有人叩房门，团长开门一看，却是总统本人。林肯握住团长的手说：“亲爱的团长，我昨夜太粗鲁了。对那些献身国家，特别是有困难的人，不应该这样做。我一夜懊悔，不能入睡，现在请你原谅。”林肯替他向陆军部请了假，并亲自乘车送那位团长到码头。

真正的英雄不但顽强，坚定，排除万难，而且还是一个能自我批评，有错就改的人。

汉王的胸部中箭受伤，然而他却摸着脚说：“敌人射中了我的脚趾头。”

隐伤不露稳军心

□王　枢

楚汉两方处于相持状态，胜负未决。项羽对汉王刘邦说：“天下动荡不安，只因为我们两人。我愿意向您挑战，以决雌雄，不要让天下的父老百姓为我们而陷入战乱的灾难之中。”汉王笑着拒绝说：“我宁可跟您斗智，不想同您拼武力。”于是项羽就和汉王一起隔着广武涧对话。汉王列举了项羽的10条罪状，项羽大怒，埋伏的弓箭手射中了汉王。汉王的胸部中箭受伤，然而他却摸着脚说：“敌人射中了我的脚趾头。”汉王因为受伤很重躺倒了，但张良竭力劝他起来出去慰劳军队，以此来稳定军心，不让楚军乘机进攻汉军。汉王出帐到军中慰问士兵，于是部队进入成皋。

智慧链接

不要向敌人露出自己的伤病，不管受伤多么厉害，只要还有站起来的力气，就要用强者的姿态来迎接挑战，只有不屈的性格才能战胜对方。

“按衣服看，我就是上将。不过，下次再抬重东西时，你就叫上我！”

上将与下士

□韩　敬

乔治·华盛顿是美利坚合众国的第一任总统，就是他领导美国人民为了自由、为了独立浴血奋战，赶走了统治者。

乔治·华盛顿是个伟人，但并非后来人所想象的，他专做伟大的事，把不伟大的事都留给不伟大的人去做。实际上，他若在你面前，你会觉得他普通得就和你一样，一样的诚实，一样的热情，一样的与人为善。

有一天，他身穿没膝的大衣，独自一人走出营地。他所遇到的士兵没有一个认出他。在一处，他看到一个下士领着手下的士兵筑街垒。

“加把劲！”那个下士对抬着巨大水泥块的士兵们喊道：“一、二，加把劲！”但是，那下士自己的双手连碰石块一下都不碰。因为石块很重，士兵们一直没有把它放到位置上，他们的力气几乎用尽，石块就要滚落下来。

这时，华盛顿已疾步跑到跟前，用他强劲的臂膀顶住石块，这一援助很及时，石块终于放到位置。士兵们转过身，拥抱华盛顿，表示感谢。

“你为什么光喊‘加把劲’而让自己的手放到衣袋里呢？”华盛顿问那下士。

“你问我？难道你看不出我是这里的下士吗？”

“哦，这倒是真的！”华盛顿说着，解开大衣钮扣，向这位鼻孔朝天，背绞双手的下士露出他的军服，“按衣服看，我就是上将。不过，下次再抬重东西时，你就叫上我！”

你可以想象，那位下士看到站在自己面前的竟是华盛顿本人，是多么羞愧。

轰轰烈烈的大事之中，往往会看到很多的夸张、掩饰乃至做作。唯有小事，不经意之处，我们看到的有可能是潜意识的难得凸现，是心灵的尽情裸露。伟大的人，之所以是伟大的，就是因为他绝不做追求伟大、迫人尊重的人所做出的那种令人倒胃口的丑态。

他唯一可以倚仗的只是自己出类拔萃的扭转不利局面的才华，这是一个总统必备的素质。

鞋匠之子

□周叔问

第十六届美国总统亚伯拉罕·林肯出身于一个鞋匠家庭，而当时的美国社会非常看重门第。林肯竞选总统前夕，在参议院演说时，遭到了一个参议员的羞辱。那位参议员说："林肯先生，在你开始演讲之前，我希望你记住你是一个鞋匠的儿子。"

"我非常感谢你使我想起我的父亲，他已经过世了，我一定会永远记住你的忠告，我知道我做总统无法像我父亲做鞋匠做得那么好。"

参议院陷入一阵沉默里，林肯转头对那个傲慢的参议员说："就我所知，我的父亲以前也为你的家人做过鞋子，如果你的鞋子不合脚，我可以帮你改正它。虽然我不是伟大的鞋匠，但我从小就跟随父亲学到了做鞋子的技术。"然后，他又对所有的参议员说："对参议院的任何人都一样，如果你们穿的那双鞋是我父亲做的，而它们需要修理或改善，我一定尽可能帮忙。但是有一件事是可以肯定的，我无法像他那么伟大，他的手艺是无人能比的。"说到这里，林肯流下了眼泪，所有的嘲笑都化成了真诚的掌声。后来，林肯如愿以偿地当上了美国总统。

作为一个出身卑微的人，林肯没有任何贵族社会的硬件。他唯一可以倚仗的只是自己出类拔萃的扭转不利局面的才华，这是一个总统必备的素质。正是关键时的一次心灵燃烧使他赢得了别人包括那位傲慢的参议员的尊重，抵达了生命的辉煌。

智慧链接

英雄的可贵之处不仅体现在其出类拔萃的才能上，还源于其仁爱中散发的人性光芒。

"帮个小忙吧，在我帽子上打两枪，我回去好交待。"

卓别林摆脱持枪强盗

□叶　士

一天深夜，卓别林带了一笔钱回家。在经过一段小路时，树后突然闪出一个彪形大汉，拿着手枪逼他交出所有财物。

卓别林看着黑洞洞的枪口，装作浑身发抖，战战兢兢地说："我是有点钱，可全是老板的，帮个小忙吧，在我帽子上打两枪，我回去好交待。"

强盗没有说话，但把他的帽子接了过去，"砰砰"地打了两枪。

卓别林又央求再朝他的裤脚打两枪，"这样不更逼真了，主人就不会不相信了。"

强盗不耐烦地拉起裤脚打了几枪。

卓别林又说："请再朝衣襟上打几个洞吧。"

强盗骂着：“你这个胆小鬼，他妈的……”

强盗扣着扳机，但不见枪响。

卓别林一看，知道子弹没了，便飞也似的跑了。

智慧链接

面对持枪的强盗，反抗无济于事的情况下，聪明的卓别林使用了缓兵之计，可谓有勇有谋。

逃跑回家也是死，反不如拼死一搏，为乡里人除此祸害。

勇斩双头蛇的孙叔敖

□陶　潜

孙叔敖是战国时的小英雄。

孙叔敖少年时家境贫寒，母子相依为命，苦度荒年。十三岁的孙叔敖，有一次上山砍柴，在茂密的草丛中，遇见一条大蛇，长着两个脑袋。此巨毒蛇比鹅蛋还粗，好几尺长。孙叔敖逃跑下山，他思忖：曾听乡里人传说人见双头蛇要被毒死。可是，自己逃跑下山，也免不了一死。此双头毒蛇依然存在，乡里人再上山来，遇见此祸害岂不是也要死掉吗？逃跑回家也是死，反不如拼死一搏，为乡里人除此祸害。

孙叔敖砍了一根双杈树枝，迈步登上山来寻找双头蛇。那双头蛇听得脚步声，双头坚立恶视来人，张开大嘴形似吞食，探头猛扑过来。孙叔敖跨步往上冲，左脚在前，右脚在后，左手举着双杈树枝引逗双头蛇大嘴，右手高举砍柴板斧，猛剁双头蛇。左腿离蛇太近被蛇尾紧紧缠住，疼痛难忍。经过一场人与双头蛇的搏斗，终于将双头蛇砍死在山坡上，孙叔敖挖了一个坑，将剁死的双头蛇深深的葬埋了。

后来，孙叔敖长大成人，由于他的学识品德好，做了楚国的令尹。他还没正式上任，老百姓就已经很信赖他了。

智慧链接

自古英雄出少年，英雄须当自小培养。

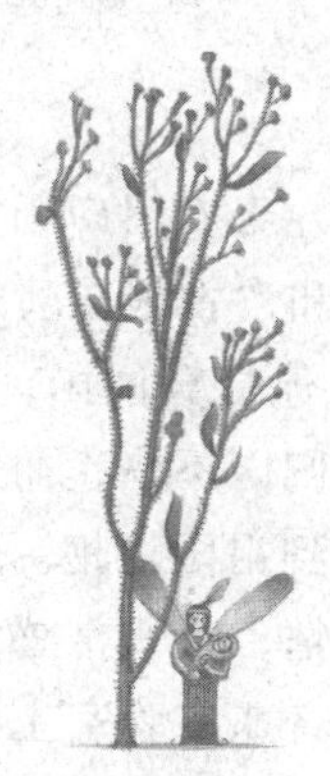

国家利益高于一切

必须经过祖国这一层楼，然后更上一层楼，达到人类的高度。

——〔法〕罗曼·罗兰

黄金诚然是宝贵的，但是生气蓬勃、勇敢的爱国者却比黄金更为宝贵。

——〔美〕林 肯

在拘留所里，每天晚上，特务要隔一小时就进来把你喊醒一次，使你得不到休息，精神上陷于极度紧张的状态。

报效祖国

□程　风

1949年当第一面五星红旗在天安门广场上徐徐升起时，当时任加利福尼亚工学院超音速实验室主任和“古根罕喷气推进研究中心”负责人的钱学森深为祖国的新生而高兴。他打算回国，用自己的专长为新中国服务。但那时候在美国的中国科学家归国不易，而钱学森的专长又直接与国防有关，所以他历尽艰辛才终于回到祖国怀抱。他这一曲折的斗争过程，表现了钱学森那时对祖国的挚爱之情，是非常感人的。1950年9月中旬，钱学森辞去了加利福尼亚工学院超音速实验室主任和“古根罕喷气推进研究中心”负责人的职务，办理了回国手续。他买好了从加拿大飞往香港的飞机票，把行李也交给了搬运公司装运。然而，就在他打算离开洛杉矶的前两天，忽然收到美国移民及归化局的通知——不准回国！移民局威胁道，如果私自离境，抓住了就要罚款，甚至要坐牢！又过了几天，钱学森被抓进了美国移民及归化局看守所，“罪名”是“参加过主张以武力推翻美国政府的政党”。钱学森交给搬运公司的行李遭到美国海关及联邦调查局的检查，据说从中“查出”电报密码、武器图纸之类。移民及归化局要“审讯”钱学森，说钱学森是“美国共产党员。”后来又说钱学森在美国念书时认识的几个美国同学之中，有几个是美国共产党员。移民及归化局扬言钱学森“违反美国移民法”，要把钱学森“驱逐出境”。这话说出口没多久，又连忙改口。因为要把钱学森“驱逐出境”，这正是钱学森求之不得的！在看守所，钱学森像罪犯似的，被监禁着。钱学森曾回忆道：“我被拘禁的15天内，体重就下降了30磅。在拘留所里，每天晚上，特务要隔一小时就进来把你喊醒一次，使你得不到休息，精神上陷于极度紧张的状态。”

移民及归化局迫害钱学森引起了美国科学界的公愤。不少美国友好人士出面营救钱学森，为他找辩护律师。他们募集了 15000 元美金作为保金，才算把钱学森从看守所里保释出来。

1955 年 6 月，钱学森写信给当时的全国人大常委会副委员长陈叔通同志，请求党和政府帮助他早日回到祖国的怀抱。周总理得知后非常重视此事，并指示有关人员在适当时机办理此事。经过努力，1955 年 10 月 18 日，钱学森一家人终于回到阔别 20 年的祖国。不久，他便被任命为中国科学院力学研究所所长。

智慧链接

距离不再遥远，困难不再恐惧，一切仅源于一颗爱国的心散发出的渴望归国的热情。

他急中生智，一面派人抄小路回国报信，一面挑选了四张熟牛皮和十二头肥牛当作慰劳品，亲自赶着，朝秦军来的方向而去。

牛贩子救国

□张欣民

古时候，秦穆公派孟明视等三位将军率领军队偷袭郑国。秦国的大军一路平安，没有遇到什么阻拦。第二年春天，他们进入了滑国国境。一天，突然前边有人拦住去路，大声喊道："郑国使臣弦高，求见将军！"孟明视听了大吃一惊，心想："郑国怎么会知道我们来呢？"便急忙让人把弦高带来。

原来，那弦高并非是郑国派来的使臣，他只是郑国的一个牛贩子。这天弦高正带着一群牛到洛阳去做买卖，在半路上碰到了一个刚从秦国来的好朋友，在闲谈中弦高问那位朋友："秦国最近有什么新闻吗？"那朋友说："听说秦国派了三个大将率兵去攻打郑国，去年十二月出发，说不定马上就要到这一带地方了。"弦高听了，大吃一惊。他想国内一定没有什么防备，我得赶快回去报告才对。可时间已来不及了，怎么办呢？他急中生智，一面派人抄小路回国报信，一面挑选了四张熟牛皮和十二头肥牛当作慰劳品，亲自赶着，朝秦军来的方向而去。

孟明视见了弦高，开始很是怀疑，忙问弦高："你到，这儿来干什么？"弦高说："我们国君听说你们要行军到我们郑国去，特意派我前来慰劳，先送上这四张牛皮和十二头肥牛做慰劳品，以表示我们的一点心意。"孟明视一边叫人收下慰劳品，一边对弦高说："我们国君怕晋国来侵犯你们，叫我带兵来援助。"弦高说："我们郑国夹在秦晋两个大国中间，为了自己的安全，日夜小心地防守着，要是谁来侵犯我们，决不会让他得到什么好处的，请将军放心。"孟明视又问："照你这么说，郑国就用不着秦军帮助了？"弦高说："如果贵军一定要开到我们郑国去，我们可以负责供应你们的口粮和柴草，保卫你们的安全。"孟明视想了一会儿，只好改口说："我们这次来，是攻打滑国的，跟你们郑国没有关系。"孟明视把弦高送走，就下令攻打滑国去了。

再说郑穆公接到了弦高的报告，大吃一惊，立即命令军队做好一切迎敌的准备。

智慧链接

弦高用巧妙的办法阻止了敌人的进攻，挽救了国家的危亡。这种爱国主义和大无畏的精神，很值得称颂和学习。

小王璞宁死不屈，死时年仅14岁。

死也不当亡国奴

□金时光

抗日民族小英雄王璞，十岁就当了儿童团长。他带领儿童团员们站岗、放哨，不放过任何一个特务分子，以防止敌人混入群众当中，打探到八路军的活动情况。

1943年的春天，日本鬼子又要扫荡了。由于叛徒的告密，王璞和桃树沟里118名老人、妇女、小孩全部被捕。面对敌人的威胁、利诱，小王璞宁死不屈，死时年仅14岁。

智慧链接

国难当头，国强则民强。小王璞宁死不屈，用弱小的身躯保护了八路军的实力。

帝国主义的蛮横侵略，和中国人民的英勇反抗，在大钊幼小的心灵留下了深深的烙印，从而使他产生了强烈的爱国思想。

少年爱国者

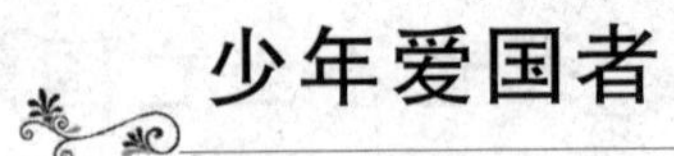

□阿　辽

中国共产党创始人之一的李大钊，幼时就勤奋学习，而且读书非常认真、刻苦。

大钊从小就有正义感。大黑砣村有个二流子，外号“堆厮”，这人早几年在关东做买卖，赚下几个钱，不到三十岁，就回乡享起清福来。成天叼着烟袋，提着个鸟笼，东游西荡。

这天，他摇头晃脑地来到大钊家，把鸟笼子往门洞里一挂，就对人吹起牛来。

李大钊早就打心眼里讨厌这“堆厮”，他头一扬，理也不理地就出了屋门，在门洞里欣赏起小鸟来了。

多么可爱的两只小鸟啊！闪亮的羽毛，火红的嘴唇，婉转的啼声……一下子把大钊迷住了。

大钊目不转睛地看着，忽然觉得这两只小鸟太可怜了。它们一天到晚生活在这小小的笼子里，多憋闷啊！想到这里，他趁门洞没有人，悄悄搬来一条板凳，站到凳子上，要开鸟笼，把小鸟放走了。

大钊的少年时代，正是中国已经完全沦为半殖民地半封建社会的时代，也是中国人民反抗帝国主义及其走狗斗争的时代。

帝国主义的蛮横侵略，和中国人民的英勇反抗，在大钊幼小的心灵留下了深深的烙印，从而使他产生了强烈的爱国思想。

李大钊从小就嫉恶如仇，而面对中国的社会现状，又决心发奋读书，拯救祖国于危亡之中。其满腔的爱国热忱感染了一代又一代人。

自古英雄出少年。

少年共产党员刘胡兰

□谢　欣

1940年秋天，日本鬼子进攻华北抗日根据地，实行烧光、杀光、抢光的“三光”政策。山西省文水县云周西村，周围到处都是鬼子的碉堡。尽管环境很险恶，八路军的游击队和抗日干部还是经常在云周村进进出出。

刘胡兰十岁那年，参加了抗日救国儿童团。每天站岗放哨监视汉奸地主，给游击队送情报。她看到以前吹胡子瞪眼的地主，现在点头哈腰，装出一副可怜样，就忍不住吐一口唾沫；看到受苦人拿起了枪，组织起来干革命，心里有说不出的高兴。

这一天，区上来了一个干部，在云周西村布置完工作，便转到东堡村去。刚出村不久，忽然发现有一股敌人从大路上过来，情况很紧急，得马上派人到东堡村送情报。可是派谁去呢？村干部正在商量，刘胡兰自告奋勇地说：

“我去！”

村干部担心她年纪小，要是遇上敌人会出事儿。问道：

“胡兰子，要是碰上敌人搜查你，咋办？”

胡兰说：“我把信吃到肚子里去！”

村干部信任地点点头，把信藏在她的衣服里。

刘胡兰挎一只蓝子，飞快地出了村。她抄小路，没等敌人进东堡村，就把信送到了，回来的路上碰见敌人，她不慌不忙，一面弯腰拾着柴禾，一面用眼梢盯着敌人，等敌人走远了，她才奔回云周西村，村干部见她回来，心里一块石头落了地，都夸她说：

“胡兰子像个机智的小八路。”

为了镇压汉奸，抗日民主政府根据群众的要求，决定除掉保贤村的刘子仁，可是这家伙很狡猾，轻易不在家里住，一天，刘胡兰扛着锄头和父母亲一起从地里回来，天擦黑，只见去保贤村的路上，有一个人神色慌张，东张西望地像个贼。

“啊！是汉奸刘子仁。”她忙把锄头交给妈妈，飞快地向干部报告了情况。

第二天，村子里传开了一个好消息：民主政府镇压了汉奸刘子仁，为老百姓除了一害呀！

少年英雄刘胡兰，铡刀下不改爱国心。

“我是一个中国人，要为中国做出一些贡献来。”

陶行知壁上留誓言

□解　元

陶行知，我国著名的教育家。他自幼生活在一个贫寒的家庭里，但他却聪颖异常，特别是对汉字字形的形象知觉非常敏锐，过目不忘。

陶行知5岁那年，有一天他独自在厅堂上玩耍。蓦地，他瞥见厅堂上挂的一副对联，那遒劲俊逸的方块字，如电光石火，在他眼前闪亮，引起他极大的兴趣。他竟趴在地上，临摹那联上的汉字。恰好被一位教私塾的秀才方庶成先生看见了，老先生大为惊奇，认为他是文曲星下凡。爱惜人才的他发现了陶行知聪明好学，不忍让明珠弃尘，于是他让陶行知跟他读书。

陶行知是个神童，他的记忆力极强，能在三刻钟内，背熟《左传》43行。到了七八岁，父亲带他到万安镇去拜年，外婆见外孙才智超常，十分高兴，就留在万安镇蒙童馆吴尔宽家中伴读。

行知的父亲是位耶稣教徒，找朋友关系，介绍行知的母亲到教堂去帮工。行知从外婆家回来，经常挑菜进城，顺便到城中探望母亲，帮助母亲做点零活。当时教堂办了个教会学校：崇一学堂，由英国传教士唐进贤当校长。唐校长见行知聪明好学，就免费收他入学。崇一学堂是个不分高、初中的中学，修业时间三年，设国文、数学、理化、英语、修身、医药、常识等。陶行知竟二年学完，提前一年毕业。唐校长见行知才华超人，品学兼优，门门功课都名列前茅，大加赞赏。他对行知说：

“陶行知，你天资聪慧，又勤奋好学，毕业后我介绍你到伦敦，去学习大英帝国的文化知识，学成之后，把大英帝国的文化传播到中国来。”

古老的中国文化，培养了陶行知的爱国意识。唐校长对英国的有意炫耀，隐含着对中国的轻视。陶行知回到宿舍，沉思了片刻，于是，手握毛笔，蘸饱浓墨，在宿舍的墙壁上，挥笔写下：

“我是一个中国人，要为中国做出一些贡献来。”

这是陶行知少年写下的誓言，也是他一生的座右铭。

这一年，陶行知才15岁。

陶行知在金陵大学毕业后，去美国留学。他抱着教育救国的理想，到哥伦比亚大学专攻教育，终于成了我国著名的教育家。

智慧链接

机遇失去了还可以创造，爱国之心丧失了就会沉沦。陶行知壁上留誓言，正是他爱国的最好表现。

结果，毫无戒备的淖齿，被王孙贾带领的队伍处死了。

王孙贾唤众救国

□阿　豆

十五岁的王孙贾，踏进家门就喊："娘！娘！"

"我在这儿！"他妈妈在书房里回答。

王孙贾快步走进书房，用愤怒而焦急的口气说道："娘！楚国将军淖齿杀死了我们的国君！"

"胡说！淖齿将军前来帮助我们齐国抵抗燕国军队，他怎么会杀死国君呢！"妈妈不相信，她神情严肃地叮嘱儿子："这样的事情千万不能随便乱说！"

王孙贾急红了眼，他争辩道："我没乱说，淖齿真的杀死了国君，还想和燕国一起瓜分我们齐国呢！"

妈妈看着儿子说话的神态，确信儿子不是在胡说，顿时焦急万分。她在房中来回踱了几步，突然站住，声色俱厉地对儿子说："既然淖齿背叛齐国，杀死国君，你不去为国效力，跑回家来干什么？"

"我……"王孙贾张口结舌地说不出话来，一转身走出了家门。妈妈的话，使他受到了极大的震动，浑身的血仿佛被火烧似的沸腾起来。

离家后，王孙贾自己也不知道要上什么地方，他胡乱地走着，脑子里不停地思考："我怎样为国效力？我怎样为国效力？"这道难题像缆绳一样紧紧地缠住了他，他也牢牢地抓住这道难题不放。

就这样不知走了多久，忽然，王孙贾双目炯炯，他心里有了主意。只见他迟缓的脚步利索起来，急速地穿过一条条小巷，来到了一条热闹的大街上。

他一遍又一遍地向行人发表激昂慷慨地演说，鼓动大家行动起来铲除淖齿。最后，他高喊："为国效力的壮士跟我走!"喊完，高举右臂，向前猛跑。

齐国人群情激昂，纷纷响应。他们随手找来棍棒等当作武器，跟在少年王孙贾的身后，向淖齿的住地跑去。

淖齿杀死齐国国君（战国时期的齐湣王）后，踌躇满志，得意忘形。他尽情行乐，一心等待着与燕国一起瓜分齐国。

结果，毫无戒备的淖齿，被王孙贾带领的队伍处死了。

齐国没有灭亡，太子法章继承了王位，王孙贾担任大夫（官名），协助治理国家。

爱国有时候需要行动起来，王孙贾用自己的行动证明了他有一颗火热的爱国心。

戚继光从小就立志要消灭侵害我国人民的倭寇。

戚继光为国除寇

□石　景

登州城外的海滩上，一群小朋友正在玩军事游戏。他们用沙子筑成一堵很高的城墙，在两旁又筑起两座营垒，插上许多用彩色纸做的各种旗帜。然后他们分成攻、守两方，开始"作战"了。

攻的一方是几个扮作倭寇（日本海盗）的小朋友，都光着身子站在海水里；守的一方小朋友都埋伏在“城墙”后面。指挥防守的是七八岁的戚继光，他把小伙伴招集到一起，悄悄地对他们说：咱们这样……”小伙伴们都高兴地点点头，带着他们的木刀、竹剑，悄悄地趴伏到“城墙”旁的两座“营垒”后面。

一切都布置好了，戚继光对“倭寇”们高声喊道：“开始了!”

“杀——”“倭寇”们扬着手里的木刀、竹剑冲了过来。他们争先恐后冲进了“城墙”，发现一个人也没有。

“包围——捉活的!”戚继光大喊一声，埋伏在“营垒”后的“官兵”们立即从两旁合拢过来，把“倭寇”全包围住了。经过一番“厮杀”，“倭寇”一个个都束手就擒了。

戚继光坐在一个高高的沙堆上，其他的“官兵”分列两旁，开始审问“倭寇”。

戚继光怒目圆睁，大声喝问道：“你们为什么要侵犯我国!”

一个“倭寇”头目战战兢兢地说：“我们想抢你们的东西。”

“你们为什么要放火烧我们老百姓的房子!”戚继光又问。

“为了分散你们的注意力，逃避追捕。”“倭寇”头目回答说。

“你们为什么要捉我们的老百姓!”

“把他们当人质。”

“好大胆的倭寇，竟敢到我国来杀人放火和抢劫，真是罪该万死！都推出去，给我砍了!”

“倭寇”都被“杀死”了，小伙伴们嘻嘻哈哈笑起来。

原来明朝时，日本倭寇经常在我国沿海一带侵扰，杀人放火，无恶不作。为了防止倭寇的侵扰，明朝政府在沿海设置了许多防倭的军事机构。戚继光一家从他曾祖父一代起，一直担任登州卫指挥佥事一职，为防御倭寇做了很多工作。他父亲还常常教育戚继光要好好读书、练武，长大以后能保卫祖国，所以戚继光从小就立志要消灭侵害我国人民的倭寇，他一面用心念书、练武，还常常组织小伙伴做消灭倭寇的游戏。

戚继光十六岁时，父亲去世，他正式担任了登州卫指挥佥事。以后，戚继光一直驰骋在打击倭寇的战场上，从山东到江苏、浙江、福建，到处转战，为防御和消灭倭寇立下了不朽的功勋。

一个人的爱国情操的养成与其所处的社会环境有着密切关系。

爱国之情万古长青。

佟麟阁誓死抗敌

□湘　玉

1937年7月28日，北平大战开始。北京城外的南苑，佟麟阁所在的第二十九军司令部遭受40余架敌机的轮番轰炸，并有3000人的机械化部队从地面发动猛烈攻击。佟麟阁与132师师长赵登禹誓死坚守阵地，指挥二十九军拼死抗击。战斗进行得十分激烈，后奉命向大红门转移，途中再遭到日军包围，在组织部队突击时，佟麟阁被机枪射中腿部，头部再受重伤，流血过多，壮烈殉国。毛泽东同志曾高度评价佟麟阁等国民党抗日将领，称赞他们“给了全中国人民以崇高伟大的模范”。1937年7月31日南京国民政府发布命令，追授佟麟阁为陆军上将。

生命随脉搏停止而消逝，爱国的壮志豪情却万古长青。

人情面前不退让，金钱面前不动心。

边陲哨兵

□成元元

微风中，婀娜的芭蕉树挥着宽大的叶子翩翩起舞，婷婷的凤尾竹甩起了柔长的竹梢……看着这幅自然天成的画卷，士兵刘诚陶醉了。今天是他第一次单独站哨，上岗前连长的话还回荡在耳边："军人视国家利益如自己的生命，希望你认真履行好一名边防士兵的神圣职责！"想到这里，再看看身边的界碑，一种光荣和自豪感油然而生。

突然，身后的竹林边传来一阵脚步声。"什么人？"刘诚立刻警觉起来。"我们是到前面走亲戚的！"几个村姑模样的女人走了出来。一个村姑手中的行李箱引起了刘诚的注意：当地人走亲戚从来不用行李箱。刘诚想起班长曾说的话，在河水消退的季节，不法分子视这条河为挽起裤腿就能走私、偷渡的"发财道"。刘诚灵机一动，假装与她们扯闲话来探其虚实，破绽出现了：其中几人竟然操着外地口音。刘诚一个箭步拦住去路，冷笑一声："别演戏了！"那领头的见被识破，干脆打开天窗说亮话："小兄弟，我知道你们生活很艰苦，你放我们一马，这是一点小意思……"她一边说着，一边递过一个信封。刘诚正色道："我为国守边防虽苦却感到无上光荣，你们为了金钱不惜损坏祖国利益难道不觉得可耻？"那几人见状，只好悻悻地退了回去。

险些让他们从眼皮底下溜过去！刘诚更加警觉起来，注视着界河附近的一切。

"突突突……"一辆拖拉机由远至近。几个人跳了下来，七手八脚地抬着一部机器径直朝河边走来。刘诚定睛一看，领头的是前些天到连队来慰问的某建筑公司陈经理。尽管认识，但刘诚还是委婉地开了腔："陈经理，你们要出境只能往口岸走!”陈经理听了哈哈大笑：“小兄弟，你误会了，我承包了附近公路段的工程，今天带工人来抽点河沙。”刘诚听后，不但没有让步，还给他们上起了边防政策课：“界河主航道的中心线就是国界线，如果在河中抽沙就有可能造成界河改道，从而改变国界线，无形中就造成了国家领土的流失。”“你这小兵，别吓唬人了，不就几车沙吗，回头我跟你们连领导打个招呼，一定不让你为难。”陈经理一边说着，一边指挥工人往河中架机器。刘诚跑上前毫不客气地拦住了他们：“我是个小兵不错，但我的岗位却维系着国家的利益，我不能眼睁睁地看着损害国家利益的事情在我面前发生。”陈经理的脸色一下子沉了下来，他朝工人一挥手，气呼呼地走了。

正在这时，连长带着巡逻队走过来了。刘诚正准备报告执勤情况，不料连长却笑着摆了摆手：“你刚才说的话我都听到了，人情面前不退让，金钱面前不动心，你忠实地履行了一名士兵的职责，维护了国家的利益，刘诚同志，好样的!”

维护国家的尊严与利益，是每个公民的权利与义务，刘诚同志的荣辱观值得我们学习。

自信是一道亮丽的风景

对于凌驾命运之上的人来说，信心是命运的主宰。

——〔英〕海伦·凯勒

思想家不需要旁人的赞赏或喝采，只要他对自己鼓掌——这是不可缺少的有信心的表现。

——〔德〕尼采

这只金靴子之所以没有授予他们，是因为我们一直想寻找这么一个人，这个人不因有人说某一目标不能实现而放弃，不因某件事情难以办到而失去自信。

自信是动力之源

□茂　林

2001 年 5 月 20 日，美国一位名叫乔治·赫伯特的推销员，成功地把一把斧子推销给小布什总统。布鲁金斯学会得知这一消息，把刻有“最伟大推销员”的一只金靴子赠予他。这是自 1975 年以来，该学会的一名学员成功地把一台微型录音机卖给尼克松后，又一学员登上如此高的门槛。

布鲁金斯学会以培养世界上最杰出的推销员著称于世。它有一个传统，在每期学员毕业时，设计一道最能体现推销员能力的实习题，让学生去完成。克林顿当政期间，他们出了这么一个题目：请把一条三角裤推销给现任总统。八年间，有无数个学员为此绞尽脑汁。可是，最后都无功而返。克林顿卸任后，布鲁金斯学会把题目换成：请把一把斧子推销给小布什总统。

鉴于前八年的失败与教训，许多学员知难而退。个别学员甚至认为，这道毕业实习题会和克林顿当政期间一样毫无结果，因为现在的总统什么都不缺少，再说即使缺少，也用不着他们亲自购买。

然而，乔治·赫伯特却做到了，并且没有花多少工夫。一位记者在采访他的时候，他是这样说的：我认为，把一把斧子推销给小布什总统是完全可能的，因为布什总统在得克萨斯州有一农场，里面长着许多树。于是我给他写了一封信，说：有一次，我有幸参观您的农场，发现里面长着许多大树，有些已经死掉，木质已变得松软。我想，您一定需要一把小斧头，但是从您现在的体质来看，这种小斧头显然太轻，因此您仍然需要一把不甚锋利的老斧头。现在我这儿正好有一把这样的斧头，很适合砍伐枯树。假若你有兴趣的话，请按这封信所留的信箱，给予回复……最后他就给我汇来了15美元。

乔治·赫伯特成功后，布鲁金斯学会在表彰他的时候说，金靴子奖已空置了26年，26年间，布鲁金斯学会培养了数以万计的推销员，造就了数以百计的百万富翁，这只金靴子之所以没有授予他们，是因为我们一直想寻找这么一个人，这个人不因有人说某一目标不能实现而放弃，不因某件事情难以办到而失去自信。

智慧链接

不是因为有些事情难以做到，我们才失去自信；而是因为我们失去了自信，有些事情才难以做到。所以自信是成功的一半，是成功的良好开端。

他想起刚才和老总争辩的场面，估计自己无论如何都不会被录用的。

面试的故事

□李　黎

有一家大公司要招聘一位市场人员，丰厚的薪水和良好的福利待遇吸引了不少报名者。

应聘的条件除了其他基本要求外，还要求有一定的口才，许多人跃跃欲试。经过笔试和面试，留下了3个人进入最后的测验。

第一个应聘者一走进来，就看到面前坐着集团公司的总经理，他在商场中叱咤风云，以果断和善辩著称。应聘者一见老总亲自面试，不免心慌意乱起来。老总的问题尖刻而带有挑衅性，应聘者根本不敢正面驳斥，只是竭力自圆其说。不到半个小时，他就被老总问得毫无招架之力了。

老总笑着对他说："你可以出去了。"

第二位也是如此，他一看到主持测验的是在商海中威信极高的老总，马上就被老总的气势压住了，自己的语言特长根本发挥不出来。

很快轮到了第三位应聘者，面前的老总在他眼里只是一位戴着眼镜、干瘦而精明的老招聘人。

应聘者对老总说："你好。"

老总威严地扫了他一眼，提了许多问题，应聘者侃侃而谈，老总的嘴角露出一丝微笑。

突然，老总提出一个涉及个人隐私且十分尖刻的问题。应聘者一听，不禁有些气恼，但仍然平静而有礼貌地指正了老总。老总不同意他的观点，两人便言来语会地争论起来。老总的话音戛然而止，笑着说："不错，有胆量，你等我们公司的最后通知吧。"

第三位应聘者气呼呼地走出面试室，看到先前的那两位应聘者。当得知那位面试官是集团公司的老总时，第三位应聘者顿时惊得目瞪口呆。他想起刚才和老总争辩的场面，估计自己无论如何都不会被录用的。

而结局却出乎意料，真正被录用的是第三位应聘者，公司老总评价他是少见的有自信心的年轻人。

智慧链接

自信能给人带来成功，自信是成功的基础。纵观中外名人成功典故，没有人不是用极大的自信为自己争取到成功的机会的。只有那些自信的人都能使自己的人生和命运朝着自己理想的方向发展。所以，保持你的自信吧，成功在前面等着你呢！

无论任何艰难巨大的工程，你总要“气吞事”，而不是被事慑着你。

不要被权威左右

□成　真

世界著名交响乐指挥家小泽征尔在一次欧洲指挥大赛的决赛中，按照评委会给他的乐谱在指挥演奏时，发现有不和谐的地方。他认为是乐队演奏错了，就停下来重新演奏，但仍不如意。这时，在场的作曲家和评委会的权威人士都郑重地说明乐谱没有问题，而是小泽征尔的错觉。面对着一批音乐大师和权威人士，他思考再三，突然大呵一声：“不，一定是乐谱错了！”话音刚落，评判台上立刻报以热烈的掌声。

原来，这是评委们精心设计的圈套，以此来检验指挥家们在发现乐谱错误并遭到权威人士“否定”的情况下，能否坚持自己的正确判断。前两位参赛者虽然也发现了问题，但终因趋同权威而遭淘汰。小泽征尔则不然，因此他在这次世界音乐指挥家大赛中摘取了桂冠。

没有智慧不行，没有勇气也不行。谁也不敢说有智慧的人一定有勇气。但缺少智慧的人，大多也没有勇气，或者其勇气亦是不足取的。怎样是有勇气？不为外界威力所慑，视任何强大势力若无物，担负任何艰巨工作而无所怯。譬如：军阀问题，有的人激于义愤要打倒他；但同时更有许多人看成是无可奈何的局面，只有迁就他，只有顺从他，自觉我们无权无勇的人，对他有什么办法呢？此即没有勇气。没勇气的人，容易看重既成的局面，往往把既成的局面看成是不可改的。说到这里，我们不得不佩服孙中山先生，他真是一个有大勇的人。他以一个匹夫之身，竟然想推翻大清帝国二百多年的统治。没有疯狂似的野心胆识，是不能作此想的。然而没有智慧，则此想亦不能发生。他何以不为强大无比的清朝所慑服呢？他并非不知其强大，但同时他知此原非定局，而是可以变的。他何以不自看渺小？他晓得自己是可以增长起来的。这便是他的智慧。有此观察理解，则其勇气更大，而且惟其有勇气，心思乃益活泼敏妙。智也，勇也，都不外其生命之伟大高强处，原本是一回事。反之，一般人气慑，则思呆也。

没有勇气不行。无论什么事，你总要看他是可能的，不是不可能的。无论任何艰难巨大的工程，你总要“气吞事”，而不是被事慑着你。

智慧链接

在权威面前鼓起勇气，一旦养成不要，“无论遇到什么事都要有信心，坚信自己能够做到。

威尔逊在自己这片土地上盖起了一座汽车旅馆，命名为“假日旅馆”。

充满信心

□王　能

威尔逊在创业之初，全部家当只有一台分期付款赊来的爆米花机，价值50美元。第二次世界大战结束后，威尔逊做生意赚了点钱，便决定从事地皮生意。如果说这是威尔逊的成功目标，那么，这一目标的确定，就是基于他对自己的市场需求预测充满信心。

当时，在美国从事地皮生意的人并不多，因为战后人们一般都比较穷，买地皮修房子、建商店、盖厂房的人很少，地皮的价格也很低。当亲朋好友听说威尔逊要做地皮生意，异口同声地反对。

而威尔逊却坚持己见，他认为反对他的人目光短浅。他认为虽然连年的战争使美国的经济很不景气，但美国是战胜国，它的经济会很快进入大发展时期。到那时买地皮的人一定会增多，地皮的价格会暴涨。

于是，威尔逊用手头的全部资金再加一部分贷款在市郊买下很大的一片荒地。这片土地由于地势低洼，不适宜耕种，所以很少有人问津。可是威尔逊亲自观察了以后，还是决定买下了这片荒地。他的预测是，美国经济会很快繁荣，城市人口会日益增多，市区将会不断扩大，必然向郊区延伸。在不远的将来，这片土地一定会变成黄金地段。

后来的事实正如威尔逊所料。不出三年，城市人口剧增，市区迅速发展，大马路一直修到威尔逊买的土地的边上。这时，人们才发现，这片土地周围风景宜人，是人们夏日避暑的好地方。于是，这片土地价格倍增，许多商人竞相出高价购买，但威尔逊不为眼前的利益所惑，他还有更长远的打算。后来，威尔逊在自己这片土地上盖起了一座汽车旅馆，命名为“假日旅馆”。由于它的地理位置好，舒适方便，开业后，顾客盈门，生意非常兴隆。从此以后，威尔逊的生意越做越大，他的假日旅馆逐步遍及世界各地。

人无远虑，必有近忧，目标远大与充满自信往往是一个人成败的关键。

有些事情，在不清楚它到底有多难时，我们往往能够做得更好。

无知者无畏

□江　铃

一七九六年的一天，德国歌廷根大学，一个十九岁的很有数学天赋的青年吃完晚饭，开始做导师单独布置给他的每天例行的三道数学题。

像往常一样，前两道题目在两个小时内顺利地完成了。第三道题写在一张小纸条上，是要求只用圆规和一把没有刻度的直尺做出正十七边形。青年做着做着，感到越来越吃力。

困难激起了青年的斗志：我一定要把它做出来！他拿起圆规和直尺，在纸上画着，尝试着用一些超常规的思路去解这道题。终于，当窗口露出一丝曙光时，青年人长舒了一口气，他终于做出了这道难题！

作业交给导师后，导师当即惊呆了。他用颤抖的声音对青年说："这真是你做出来的？你知不知道，你解开了两千多年历史的数学悬案？阿基米德没有解出来，牛顿也没解出来，你竟然一个晚上就解出来了！你真是天才！我最近正在研究这道难题，昨晚给你布置题目时，不小心把写有这个题目的小纸条夹在了给你的题目里。"

多年以后，这个青年回忆起这一幕时，总是说："如果有人告诉我，这是一道有两千多年历史的数学难题，我不可能在一个晚上解决它。"

这个青年就是数学王子高斯。

有些事情，在不清楚它到底有多难时，我们往往能够做得更好，这就是人们常说的无知者无畏。

智慧链接

试想：高斯在做这道题的时候，老师告诉他这是一道连阿基米德、牛顿都没有解答出来的难题，那么，无形之中高斯就会产生一种畏惧感，也许他在困难面前屈服。就是因为他怀着这种"无知者无畏"的态度来解答困难，一切都会迎刃而解。突然想到一句话：靠别人给你一个支点，看似容易却不坚实；靠自己创造一个交点，你才可以把握自己的一生。

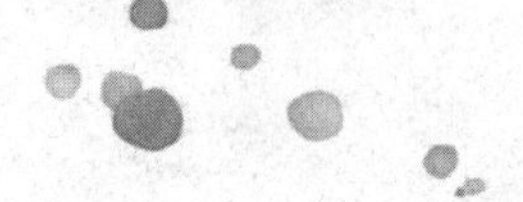

别让自卑打倒你的自信，换只手举高你的自信。

换只手举高你的自信

□马国福

考上高中后，我从乡下到城里寄宿读书，城里的学生很有钱，成绩也很好，因而我总是很自卑，上课老师提问时，城里的学生都抢着回答，我却从不抬头也几乎从不举手回答问题。我的物理基础很差，物理课上老师几乎每堂课都要提问，但很少叫坐在后排的我回答问题。

可有一次，老师问了一道我不懂的问题，同学们争先恐后地举手，受虚荣心的支配，我也举起了手，结果老师偏偏叫我回答，我站起来后哑口无言，当众出丑，同学们哄堂大笑。

放学后我一个人坐在教室里琢磨那道题，耳朵里始终回响着同学们的哄笑声，不争气的眼泪掉了下来。物理老师进来了，他深入浅出地给我讲解了那道题，然后和蔼地说："学习时不要不懂装懂，农村出身不是你的过错，那反而是一种资本，你不要自卑。以后我提问时遇到你懂的问题你举起左手，不懂的题你举起右手，你懂的题你甚至可以把手举得比别人高一点，我就知道该不该叫你回答。"老师的话使我深受感动。

此后的物理课上我就按老师所说的做了。期中考试结束后，老师对我说："这段时间你举左手的次数为 25 次，举右手的次数 10 次，再加把劲，争取把举右手的次数降到 5 次。"细心的老师竟统计下了我举左右手的次数，我暗下决心争取不举右手。从此遇到难题我宁可不吃饭不睡觉也要把它攻克。期末考试时我考了全班第一名。老师欣慰地对我说："你终于不举右手了。"

后来考上大学后老师来送我，他只对我说了一句话："别让自卑打倒你的自信，换只手举高你的自信。"我终于明白了老师的良苦用心：他让我举左手并且少举右手，只是为了让我超越自己，换只手举高自己的信心，赢自己一把啊。

在人生的道路上免不了遇到对手和困难，但如果不能举起左手，那我们做的第一件事就是“举起自己的右手”……

文章让我们认识了一位充满爱心，循循善诱的老师。他的教育方法中蕴含了炽热的爱心。更重要的是他没有笼统、直观的说教，而是以特殊的方式激励了一个缺乏自信、成绩并不好的学生，使他改变了自己，成为一个优秀的学生，在学业与心灵上获得了双丰收。爱的力量，能搭起人与人心灵的桥梁，能战胜一切困难。

愿我的表现令你们的工作有所收获，仅此而已。

一句话的作用

□吴志强

毕业那年，经学校推荐，我去应聘一家外资企业的翻译工作。

当时，考点设在一家四星级宾馆内，主持考试的是总公司派来的一位美籍华人。这位美籍华人是位风姿绰约的女士，她不仅从总公司带来几名只会说英语的美国人，还带了一位形影相随的摄像师。这位摄像师将会用镜头把每位考生面试的动作和对话保存下来，带回美国，然后根据摄像机里的资料，由总公司人事部开会讨论敲定正式聘用的人选。

论英语水平，当时我是班上唯一通过国家六级考核的人。发挥正常，争取到翻译这个职位，应该没多大问题。要命的是，我性格孤僻，不善交际，平时在家里唱卡拉OK都打不开喉咙。如今要面临一场大型演出般的面试，真不知结果会怎么样。

英语老师知道我心理素质差，面试前几天就给我打过好几次电话，传授我面试秘诀。但不知怎么搞的，一进考场，老师叮嘱我的那些话全记不起来了。想到前几次面试失败，一种不祥之兆又袭上心头。

就在这时，英语老师匆匆赶到现场帮我打气。在我将进面试室准备录像的时候，英语老师忽然从怀里掏出一个信封给我，说这里面装有校长亲笔手书的推荐信，面试前，只要我亲手把这封信交给那位主考的女士带回美国，那么，就算我发挥得不尽如人意，该公司也一定会优先考虑录用我。我无法怀疑英语老师为我安排好的一切。我接过信的第一个念头便是：我们学校的校长和该公司的决策人一定交情莫逆。至于英语老师如何弄来这封信，为什么给我弄这么一封信，我的确没时间去想。当时，我只知道自己如死囚接到皇帝赦免。

我一进门，便恭恭敬敬地用双手把书信递到主考的女士面前。起初，她满脸不解地看了看我，最终还是把信接了过去。等她拆开信把信看完，脸上立即露出灿烂的笑容。我心里暗暗在想，这人情关系还真厉害呀。随之，一块莫名的石头悄然落地。主考女士放下信，向摄像师打了个准备拍摄的手势，然后让我面对摄像机用英语进行自我介绍，这段介绍，我平常需要五分钟才能把它讲完，可当时我看了看表，只用了三分半钟就完成了任务。接下来的面试内容就是和那几位美国人轮番进行情景对话，最后用英语回答主考官列出的几个专业提问。一场工程浩大的面试前后不到十分钟，就让我经历过去了。诸多大大小小的应聘考试，我感到这次最轻松，发挥得最超常了。

半个月后，我果然接到该外资企业的录用通知。

一接到通知，我便跑到英语老师家中，执意要在我面试的那家宾馆宴请他和校长，并恳求他务必要把校长请到。英语老师听完，不由放声大笑。

原来，那信封里装的根本就不是校长的推荐信，而是英语老师自己用英文写的一句话，翻译成中文就是："愿我的表现令你们的工作有所收获，仅此而已。"

"我"的英语成绩全班第一，可是由于"我"心理素质差，对面试并没有太大的把握。这时，英语老师不但给"我"鼓励，还给了"我"一封"推荐信"。让"我"心里的一块石头悄然落地，并超常发挥了自己的水平。

"我"的成功有一半是推荐信的功劳，这不是一封普通的推荐信，这是英语老师对"我"的爱。信也许很短，可是它确让人拥有自信和勇气去迎接新的挑战！

对勇敢者而言，世界上永远没有绝望之说。

扼守最后的希望

□袁　鸢

小时候听隔壁那位被乡邻叫作"万事通"的老者讲的这个故事。

从前，有个放牛娃上山砍柴，突遇老虎袭击，被逼至悬崖边。放牛娃手持柴刀，欲与张开血盆大口的老虎决一雌雄。但放牛娃后退时一脚踩空，霎时，人若坠物，跌向深渊。仅是一瞬间，放牛娃便明白了自己的处境，本能地伸出手四下里揪抓。半空中，他的右手碰到了一棵幼树，便死死揪住不放。放牛娃终于没被摔死。但回眸四望，又倒抽了一口冷气。上面是虎视眈眈的猛兽，下面是阴森恐怖的沟谷，那陡峭绝壁，即使放下绳索也难以施救。放牛娃绝望了，泪水滂沱。这时，恰遇一和尚从对面山腰路过，放牛娃于是大喊"救命"。那长老捋捋银须，叹息一声，冲他喊："只有你自己才能救自己！"

放牛娃闻之，大哭：“我如何救得了自己？”

“与其那么死揪幼树等着饿死、摔死，不如松下你的手，那毕竟尚有一线希望！”长者说完叹息着走了。他的一句话，燃起了放牛娃求生的欲望。是啊，再这么下去，只有死路一条，而松开手落下去，无论如何都有两种结果。纵然死，也是自己的选择啊！

放牛娃不再伤悲、绝望，而是艰难地扭过头，选择跳跃的方向。他咬紧牙关，在双脚用力蹬向绝壁的一刹那松开了自己的双手。耳畔只有那呼呼作响的风声，他闭着嘴，瞪大眼，身体不停地变换着姿势。奇迹终于出现了——他落在了一丛草堆上。放牛娃被乡亲从沟谷背回了家。几年后的春天，放牛娃居然破天荒重新站立起来！

讲故事的老者告诉我们，固守最后的希望，你就会获得意想不到的胜利，哪怕这希望万分渺茫，但那毕竟也叫希望。

这故事讲起来似乎已显陈旧，但回眸我们的身边，类似的故事至今仍在繁衍，甚至比这个故事更悲壮，更荡气回肠。

河南一位妇女患肺癌，26 岁时便被医生判了“死刑”。闻之噩讯，她绝望了，拒绝治疗。后来，在亲人、医生的帮助下，她放下了包袱，向那渺茫的一线“希望”发起了最后冲刺。她加入了抗癌协会，主动积极地参与锻炼。坚定的信念最终给了她生还的勇气，尽管到现在也没做切除手术，但她在这个世界上活到了 53 岁，而且仍以饱满的激情继续活着，这一旷世奇迹，成为我国医学界的“活标本”。

扼守生命中最后的一线希望，你就多了一次机遇，或许，恰恰是这最后的一搏，说不准会让你收获一个亮丽的人生！

对勇敢者而言，世界上永远没有绝望之说。

智慧链接

命运给我们安排了无数的灾难，有离别、有饥饿、有伤残、有疾病，有的灾难甚至危及生命。我们无法躲过，但我们可以坚持，坚持到最后一刻，也许我们就会创造奇迹，起死回生，要知道扼守生命最后的一线希望，你就多了一次机遇，或许正是这最后一搏，让你收获了一个亮丽的人生。在勇敢者的字典里，永远没有绝望一词。

哥白尼，这颗在黑暗的中世纪夜空中出现的巨星，一直放射着璀璨的光芒。

勇敢的挑战

□腾英超

哥白尼的事业是不朽的。他像一颗光芒四射的巨星，出现在黑暗的中世纪。

哥白尼生活的时代，欧洲大陆到处笼罩着基督教的迷雾。那时，无论是教皇、皇帝，或者普通老百姓，都相信地球是宇宙的中心。一般人都这样认为：地球是一个巨大的圆球，是静静不动的；天是圆的，像一个很大很大的外壳包着地球，从地球往外分成九个天层。第一天层是月亮，月亮离地球最近，接着是水星天、金星天、太阳天、火星天、木星天和土星天，在土星天之外的第八层是恒星天。众恒星都定居在这个第八天层上。在恒星天之外还有一层作为宇宙边界的原动力天。

这种对宇宙幼稚解释的“地球中心说”，成了论证宗教神学的工具。他们要使人相信：地球是宇宙的中心，“人”是上帝安排在地球上的“天之骄子”；地球的内部是囚禁不信上帝的“恶人”的地狱，宇宙的最外是幸福灵魂的住处——天堂，这是上帝和他的仆从居住的地方；日月星辰，一切天体都围绕着地球运行。

这种“上帝创世”的思想体系，统治了西方一千多年。随着资产阶级的出现、航海事业的发展，它已经远远不符合需要了。然而，为了维护教会统治，神学宗教仍旧抱住“地心说”不放，他们宣称：谁怀疑这些，谁就是大逆不道，就应该当作异教徒论处。

敢于向神学宗教挑战的确需要勇气。哥白尼经过了三十多年的犹豫，在临死之前，终于下定了决心，出版《天体运行论》，向神学宗教发起勇敢的挑战：“我主张地球是动的。”“在所有这些行星中，太阳傲然坐镇……太阳就这样高踞于王位之上，统治着膝下的子女一样的众行星。”“太阳中心说”推翻了在西方统治了一千五百年之久的“地球中心说”，从根本上动摇了“上帝创世”的神话，给欺骗和愚弄劳动人民的宗教迷信以致命的打击，使自然科学从神学中解放出来。如果说，在这以前“科学是教会的仆从”，那么现在“科学开始起来反对宗教了。”

尽管哥白尼的“太阳中心说”公布后，受到社会上宗教势力和守旧的人们的污蔑和攻击，并且对信仰宣传这一学说的人进行残酷的迫害，但是哥白尼的学说，最后终于取得了胜利。五百多年来，人类社会、科学事业，有了巨大的发展。哥白尼，这颗在黑暗的中世纪夜空中出现的巨星，一直放射着璀璨的光芒。

智慧链接

真理的发现与坚持是一个艰苦的过程，是在你不断追求中产生的。像哥白尼这种为了拥护真理而受到各种打击的人从古至今在国内外屡见不鲜，甚至有的还会为此而牺牲自己的生命，如提出“两个铁球同时着地”的伽利略，秦代提出变法的商鞅等。我们要学习哥白尼这种勇于向权威挑战的精神，能够逆潮流而拥护真理，绝不能随波逐流。

竟是个孩子告诉咱们什么是对的，什么是错的。

小男孩救大兵

□艾兰妮·麦克唐娜

1992年，我和丈夫随友谊交流团到德国，并相继在三个温馨美满的家庭里小住。最近，其中的一家来到依阿华州我的家里做客。

我们的德国朋友，鲁梅尼德和托尼，住在德国鲁尔工业区的一个城市，那是二战期间曾遭到盟军猛烈的炮火袭击的一个城市。他们在我家待了一个星期。有天晚上，任历史教员的丈夫想让他们谈谈二战期间在德国时的童年往事。鲁梅尼德就讲了这么一个催人泪下的故事。

战争结束前不久的一天，鲁梅尼德看到一架敌机被击落，机上两名军人被迫跳伞。和许多看到敌兵跳伞的好奇市民一样，8 岁的鲁梅尼德跑到市区中心广场上看热闹，最终两名警察推推搡搡地押回两名英军战俘。他们得在广场等汽车来把战俘送到战俘营去。

围观的德国人一看到战俘，就愤怒地喊到："杀死他们！干掉他们!"毫无疑问，他们想起了英军及其盟军对他们城市的恣意轰炸。围观的人并不乏出气的家伙——英国兵跳伞的当儿，好多人都在园子里干活，他们顺手操起干草叉、铁锹什么的就跑过来了。

鲁梅尼德望着两名英军战俘的脸，他们也就 19 或 20 岁的样子，看上去惊恐万分。两名旨在保护战俘的德国警察也难以挡住操着干草叉和铁锹的愤怒人群。

鲁梅尼德跑到战俘和人群之间，脸冲着人群，喊叫着让他们住手。人群不愿伤着这个小男孩儿，就稍稍后撤了一阵，就在这当儿，鲁梅尼德冲他们说道："看看这些战俘。他们还只是孩子！他们和你们自己的孩子没什么两样。他们做的也正是你们的孩子正在做的——为各自的国家而战。要是你们的孩子在敌国中弹，作了战俘，你们也不想让那里的人们把他们杀掉。所以，请你们不要伤害这些孩子。"

人们听着，感到惊异，继而羞愧。最后一位妇女说道："竟是个孩子告诉咱们什么是对的，什么是错的。"人群渐渐散开了。

鲁梅尼德永远也不会忘掉英军战俘脸上流露的宽慰和感激之情。他希望他们能长久而幸福地生活下去，他们也会终生铭记这个拯救了他们生命的小男孩儿。

智慧链接

此时此刻，不得不佩服男孩的勇气与善良。在纷繁的世事中，成人的眼睛常常被世俗与利益蒙蔽，只有孩子心中那份纯真与善良才能替他们找回逝去的美好与真挚。"救人一命胜造七级浮屠"，男孩此举非同一般。

如果遇到一点困难就退缩，不敢大胆去尝试，那又怎么有成功的可能呢？

跳山羊

□王政芸

体育课上，我们要“跳山羊”了，老师要我们先试一试。

“哇，这么远？”面对“山羊”离踏板那可观的距离，同学们惊讶了，以前的距离是非常短的，同学们都敢跳过去，可是今天却胆怯了。我心里也在打鼓，这么远的距离，我可能一下子越过吗？要是跌下来怎么办？有几个同学开始尝试了。第一个同学刚刚跑上跳板就减速，手一摸到“山羊”就站住了。也许他的心情和我一样，只是太紧张了，以至于不敢做动作。我真不敢想象自己跳的时候会是什么样。

同学们一个个慢慢地试着，几乎没有几个跳过去的。我的心情越来越紧张。猛然，我想起了一篇文章中讲的一个故事：天黑了，两个好朋友在深山中迷了路，他们坐在只有马背宽的山脊上过了一夜，他们以为自己的前面和两边是万丈深渊。可天亮后，发现自己坐在一块离地面不高的大石头上，只要再往下迈一步就会到达平地。作者不禁由此感悟，有人认为自己身处绝境，但只要勇敢地迈出一步，也许就会海阔天空，虽然这一步是艰难的。我想“跳山羊”不算什么绝境，但也需要勇敢地迈出一步，虽然胆怯，但要相信自己，还没试，怎么知道一定跳不过去呢？无论如何得试试，我下定了决心。

轮到我了，站在起跑线上，心里突然一动，会不会失败？转念再一想，反正已经下了决心，又何必想这么多？我开始助跑，来到踏板上，我没有减速，而是一跃而起，心一下子提到了嗓子眼。就在马上可以跳过去的一刹那，右腿突然被什么东西挡了一下，于是身子一歪，我扑倒在体育老师的怀里。这时，老师对我说：“就差一点儿，腿再分大一点儿就跳过去了。”

这句话像一针强心剂，赶跑了我心头的阴云。何必为这一次的失败而懊恼呢？我不是已经从不敢跳到敢跳了吗？我又在为自己打气。

这时老师要做示范了。我注意看着：助跑，加速，起跳，老师的身体腾空而起，双腿在空中划过两道漂亮的弧线，像燕子一样飞过去了。我回想了几遍老师的动作。又该我上阵了，我深吸了一口气，开始助跑……终于，我跳过去了。我心里这才轻松了许多。试想，如果我始终不敢尝试一次，那么也就谈不上现在的成功了。

“跳山羊”是这样，我们在生活、学习中遇到某些困难时不也正应如此吗？如果遇到一点困难就退缩，不敢大胆去尝试，那又怎么有成功的可能呢？

智慧链接

“身处绝境，只要勇敢地迈出第一步，也许就会海阔天空”，这真可谓至理名言啊！我们每个人都曾经遇到过和即将要遇到许多的困难，过去你是怎样面对的呢？是否退缩过呢？果真如此的话，从此时此刻开始，勇于接受挑战，迎接而上，不要被困难这只纸老虎吓倒。困难像弹簧，你强它就弱，你弱它就强！

终于，4 只鬣狗拖着疲惫的身体一步一摇地离开了怒目而视的狼王，狼王得救了。

咬断后腿的狼

□陈金云

丹尼斯是美国野生动物保护协会的成员，为了搜集狼的资料，他走遍了大半个地球，见证了许多狼的故事。他在非洲草原就曾目睹了一个狼和鬣狗交战的场面，至今难以忘怀。

那是一个极度干旱的季节，在非洲草原许多动物因为缺少水和食物而死去了。生活在这里的鬣狗和狼也面临同样的问题。狼群外出捕猎统一由狼王指挥，而鬣狗却是一窝蜂地往前冲，鬣狗仗着数量众多，常常从猎豹和狮子的嘴里抢夺食物。由于狼和鬣狗都属犬科动物，所以能够相处在同一片区域，甚至共同捕猎。可是在食物短缺的季节里，狼和鬣狗也会发生冲突。这次，为了争夺被狮子吃剩的一头野牛的残骸，一群狼和一群鬣狗发生了冲突。尽管鬣狗死伤惨重，但由于数量比狼多得多，很多狼也被鬣狗咬死了，最后，只剩下一只狼王与5只鬣狗对峙。

显然，狼王与鬣狗力量相差悬殊，何况狼王还在混战中被咬伤了一条后腿。那条拖拉在地上的后腿，是狼王无法摆脱的负担。面对步步紧逼的鬣狗，狼王突然回头一口咬断了自己的伤腿，然后向离自己最近的那只鬣狗猛扑过去，以迅雷不及掩耳之势咬断了它的喉咙。其他4只鬣狗被狼王的举动吓呆了，都站在原地不敢向前。更加吃惊的莫过于躲在草丛里扛着摄像机的丹尼斯。终于，4只鬣狗拖着疲惫的身体一步一摇地离开了怒目而视的狼王。狼王得救了。

智慧链接

当危险来临时，狼王能毅然咬断后腿，让自己毫无牵累地应付强敌，这值得人类学习。人生中，拖我们后腿的东西很多，那就是患得患失、瞻前顾后、惊慌失措……如果舍弃不了蝇头微利，就无法获取大的成功；如果承受不了砍去无法救治的后腿的痛苦，那么就有失去生命的危险！

只要你抱着生活中的挫折是生活馈赠给你的礼物的态度，你便不会抱怨生活的不公了，这些礼物就是坚定的信念和积极的生活态度。

激情融化冰雪

□李素素

心由境造，境由心生。心冷了，太阳都不再温暖；心热了，冰雪也会融化。

经历了黑色六月，我并没有取得自己梦想中的好成绩，尽管分数上还说得过去，但只能进一所不起眼的大学。

经过半个年头，我终于放了寒假。在家里的时候，父亲向我问起了大学生活，我告诉他说："其实真的很没劲。"

我的父亲是个铁匠。他听了我的话后，脸上一直很惊愕，沉默了半晌之后，转过身用他那粗糙无比的手操起了一把大铁钳，从火炉中夹起一块被烧得通红通红的铁块，放在铁垫上狠狠地锤了几下，随之丢入了身边的冷水中。

"吱"的一声响。水沸腾了，一缕缕白气向空中飘散。

父亲说："你看，水是冷的，然而铁却是热的。当把热的铁块丢进水中之后，水和铁就开始了较量——它们都有自己的目的，水想使铁冷却，同时铁也想使水沸腾。现实中，又何尝不是如此呢？生活好比是冷水，你就是热铁，如果你不想自己被水冷却，就得让水沸腾。"听后，我感动不已，朴实的父亲竟说出了这么饱含哲理的话，让我真的深受感动。

第二学期开始了，我反省自己，并且不停地努力，学习终于有了一点起色，内心也开始一天天地丰富充实起来。

没人喜欢挫折，没人愿意奢望多，收获少。但是，当你本能地去生活，去追求幸福时，你的主要目标之一就是最大限度地减少挫折、增加欢乐。

没有人喜欢磨难，没有人放着笔直平坦的大道不走，而选择坎坷不平的羊肠小道。但是，当生活中的磨难落在了你头上，当没有宽阔平坦的大路时。你活着就要坦然面对，不能逃避，逃避只能让你滑入生命的沼泽地，越陷越深，最终将被生活淘汰或遗弃。

只要你抱着生活中的挫折是生活馈赠给你的礼物的态度，你便不会抱怨生活的不公了，这些礼物就是坚定的信念和积极的生活态度。

智慧链接

如果你不想被平淡乏味的生活冷却了你的斗志，你就得用生命的激情与辛勤的汗水把这盆冷水煮沸。不是吗？心冷了，太阳都不再温暖，心热了，冰雪也会融化。只有对生活充满激情，不断地充实自己，生活才会馈赠给你最珍贵的礼物。

把握自我的价值

不尊重别人的自尊心，就好像一颗经不住阳光的宝石。

——〔瑞典〕诺贝尔

无论谁想获得自尊的名声，都应该隐藏起他的自负。

——〔英〕斯威夫特

绝对没有想到在这个近乎原始的地方，竟然存在着如此高超的生存智慧，如此充满艺术魅力的维护尊严的方式。

维护尊严

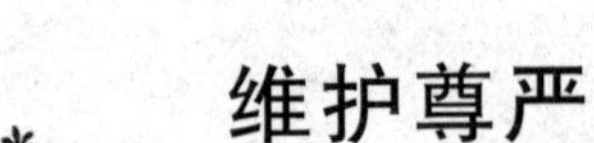

□吕作平

十多年前，一位旅行家到马来半岛旅游。半岛地处热带，雨季蓊郁，繁花似锦，五颜六色的奇异鸟类在空中飞翔鸣唱。海岸边，碧波起伏，沙滩如玉。岛上的土著居民一身阳光染就的健康肤色，从容而快乐。自然风光让旅行家如痴如醉，淳朴民风更让他流连忘返。特别是偶然遇到的一场奇异的决斗场面，更让他眼界大开。

决斗者是两名萨凯部落的男青年，几乎一样健壮、一样帅气。他们满脸严肃地走到决斗的地点，赤裸着上身，一副不是鱼死就是网破的神情。令旅行家大惑不解的是，决斗者的手中，既没有枪，也没有剑，而是一人握着一根孔雀翎。孔雀翎就是孔雀的尾羽。他们握住上端的羽梗，将下端圆圆的中间有一只美丽"眼睛"的尾部指向对方，找好适当距离站定。决斗开始了，只见他们举起"武器"，把那美丽的"眼睛"触向对方赤裸的上身，而且专找那些最薄弱的地方，千方百计地给对方搔痒。随着时间的推移，两人的表情也发生着微妙的变化，由怒气冲冲慢慢地变成了"忍俊不禁"，最后，一方终于难耐"折磨"，控制不住笑出声来，决斗即告结束。决斗的双方竟然怒气全消，互相拍拍肩膀，一前一后地离开了。

旅行家问导游："这是不是一场特意安排的幽默表演？"导游肯定地答复说："绝对不是。这是萨凯部落的一个传统习俗，什么时候产生的不知道，但确实已流传了好多年。在这个部落里，一个人若以为受到了别人的侮辱，便可以用决斗来泄愤。决斗的方式只有一种，就是你刚才看到的。决斗的时间没有限制，可以从早到晚，直到一方笑出了声，方告结束。先笑者为输家。笑过之后，冤家对头往往会握手言和。刚才的两个小伙子是一对情敌，为一个姑娘互不相让，所以只好决斗。决斗后胜者高兴，输者也心悦诚服，因为世代相传的游戏规则早已内化为自觉遵守的观念。这样的决斗，不仅能使难题迎刃而解，而且双方身体都不会受到伤害，更不会造成流血。”

旅行家的心灵受到了强烈的震撼，他绝对没有想到在这个近乎原始的地方，竟然存在着如此高超的生存智慧，如此充满艺术魅力的维护尊严的方式。

智慧链接

为了维护尊严，选择是依靠你死我活的决斗维护尊严，还是用孔雀翎来维护，起决定作用的不是物质财富的多少和文化水平，而是心灵的选择。

母亲不妥协，这个家就不会完；母亲不绝望，这个家还有希望。

母亲墙，永远别绝望

□王　莲

有两个故事一直震撼着我这个做母亲的。

一个是杜拉斯讲的。地点是法国东部的一个小镇，时间是盛夏的一个下午。一个住在高速铁路不远处废弃的车厢里的人家，因为长期拖欠水费，自来水公司便派人停了这户人家的水。独自在家的女人，守着两个分别是四岁和一岁半的孩子。整个下午，她无法给孩子洗澡，也没有水给孩子喝，直到太阳落山，做临时工的丈夫归来。

不知他们是怎样商量的，全家人离开居住的车厢，走向不远的铁轨。

然后卧在铁轨上，最后一起被轧死。杜拉斯想象到：“为了让孩子们安静下来，说不定他们还唱着歌哄着孩子们入睡呢！”杜拉斯叙述得很平静，可是他又说：“这真是一个令人发狂的故事。”

第二个故事是朋友讲的。一个十来岁的男孩，放学经过菜市场时，没头没脑地抢了肉贩一块肉就跑。健壮的肉贩没费一点力气就抓住了男孩，夺回肉，抢过书包，扔下一句话“叫家里大人来”。天黑后男孩跟在母亲后来了。母亲一见肉贩就说对不起，肉贩不依不饶。母亲的泪就掉下来了。她艰难地说：“实在是我们没把孩子教好……可是，可是他已经大半年没吃过肉了。他以前不是坏孩子，就原谅他这一次吧！”肉贩竖着眉头，眼泪一下子掉了下来。他拿起刀割下一大块肉来，然后弯腰从案板上拿起书包，双手递给悲伤的母亲，母亲木然地一并接过，说声“谢谢”，牵着孩子的手蹒跚地走了。回到家里，母亲用这块肉做了一顿香喷喷的晚餐。久病的父亲还饮了半杯酒。后来他们全家携手来到楼顶，纵身一跃……

我不是一个悲观的人，可是复述这两个故事，依然叫我哽咽。我常常想，支持我们在绝望中一次次活下去的理由是什么？平庸的人说是本能，善良的人说是责任，坚强的人说是信念；我则以为是自尊——不是为丧失了自尊就选择去死的自尊。我的自尊是为了不死，努力地活。哪怕水深火热，哪怕走投无路，妥协和绝望是人类的致命顽疾。而摧毁一个家庭的有力武器，是摧毁这个家庭母亲的意志。母亲不妥协，这个家就不会完；母亲不绝望，这个家还有希望。假如父亲是梁的话，母亲就是墙。没有梁，房子不结实，没有墙，却难以成家。母亲这堵墙塌了，一个家也就散了。

智慧链接

这两个故事令人震颤，因为贫穷，因为无奈，两个家庭的七口人就一起走向了死亡。有些人可能说这两家的主人懦弱，不敢直面人生。我却知道，他们是在怎样的绝望之下，才勇敢地选择了死。人们呵！少一些责备，多一些关爱，有时候轻轻地施予援手，就能挽救一个人的性命。假如自来水公司不停水，肉贩原谅了孩子，还会有这两起悲剧发生吗？

人不能有傲气，但不可无傲骨。

学会自尊

□钟振清

一位内地青年，因工作需要，被公司委派到香港出差。回来后，与朋友谈起在香港的所见所闻，他感慨良深。对香港各种周到的服务记忆犹新，而最令人难以忘怀的是那些服务员在“上帝”面前从容自然平等的态度。他还特别提到负责他房间保洁工作的一位老太太，她高高兴兴地干完自己的工作，极其坦然地与客人聊天，完全不像内地的服务员在客人面前那般自感低人一截。

是什么东西使这位青年如此深有感触？是服务员身上所体现出来的做人的自尊。自尊是一种内在的理念，它看不见，摸不着，然而我们又可以随时随地地感受到它的存在。每一个生命，都应该拥有自己的自尊。可以说，没有自尊的人是不完整的。我们知道，只有真正具有强烈自尊心的人才能真正做到，不管自己从事什么职业都能坦然与人平等交往，才会赢得别人的尊重。正如丁远峙在《方与圆》中所说的：“我们可以寄人篱下，可以求人，也可以迎合人，甚至聪明人有时还会想办法让人觉得他比自己聪明。但在做这一切时，必须注意不能让人因此而瞧不起我们。我们要让他感觉到我们心中拥有自己的尊严，让他觉得我们有分量，这样他才会尊重我们。”

自尊是我们活着的精神支柱，唯有自尊才能自爱、自信、自强。因而，维护我们的自尊，实际上就是维护我们做人的价值。屠格涅夫说过：“人假使没有自尊那就会一无价值。”而通常，我们也会说：“人不能有傲气，但不可无傲骨”。所谓傲骨，我认为，其实也是自尊的意思。

可悲的是，我们当中相当一部分人的脊椎似乎先天不足，老挺不直腰杆。他们有的在权贵面前奴颜婢膝，曲意奉承；有的在外国人面前低三下四，有的甚至因为出身乡下而感到在城里人面前低人一等。诸如此类的人，其实是没有自尊的，因而也是为人所鄙视的。

自尊是一个人的精神支柱。没有尊严的人生是可悲的人生。为一点可怜的铜钿而奴颜婢膝见了外国人就低三下四，忘了自己的祖宗的人都不可取。

谁坐在神的宝座上就对谁膜拜，哪管它是不是一只猴子呢！

偶像

□刘　墉

两界山曾经镇压过齐天大圣孙悟空，后来孙悟空成了正果，人们在这儿立了一个齐天大圣庙，香火极为旺盛。有一只猴子，偷偷跑到庙里，把齐天大圣的泥塑像搬开，自己坐在上面，接受人们的香火，吃着人们供奉的鲜果。

猴子常常溜出来，把人们虔诚的忏悔和恳切的乞求当作笑料告诉它的同伴们。同伴们说："你敢长期待下去吗？"

"怎么不敢！"这只猴子说，"泥塑的齐天大圣怎能比得上我呢？那只不过是一尊泥像，而我才是一只真正的猴子！"

"人们常常在山里捕捉我们，可是他们竟心甘情愿向你磕头，这事真不

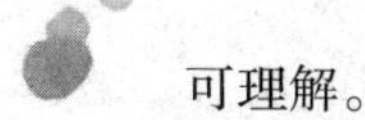

可理解。”

“这有什么!”这只冒充的齐天大圣说，“人就有这样一种特性，只要谁坐在神的宝座上，他们就对谁膜拜，哪管它是不是一只猴子呢!”

追鹿的猎人，是看不见山的；捕鱼的渔夫，是看不见水的。眼中只有鹿和鱼的人，不能看到真正的山水；眼中只看到偶像的人，永远找不到自我真实的心灵。

智慧链接

由于心灵已被偶像迷住了，所以眼睛里便只有了偶像，没有了自我。这样盲目丢弃自我而崇拜偶像，只会让自己的视野越来越狭小，心灵越来越苍白，从而让自己的天地越来越逼仄。

我不能为五斗米向乡里小儿折腰。

自动离职

□佚　名

我国晋代著名诗人陶渊明很有风骨。他本来抱有宏伟志向，想为国家效力。可当时官场黑暗，腐败严重。陶渊明不愿意与那些贪官污吏同流合污，更不愿意巴结他们。

陶渊明年轻时做过一些小官，后来做了彭泽县令。一天，上级派了一个督察来彭泽视察，陶渊明手下的人告诉他说：“大人，您应该穿戴整齐去迎接。”

陶渊明很看不起那位督察，他说：“我不能为五斗米向乡里小儿折腰。”于是，他就自动离职，回乡隐居了。

五斗米是晋代县令的官俸，后泛指微薄的薪酬。陶渊明的意思是说不能为了这五斗米而向这种人下拜行礼。

后来，人们就用“不为五斗米折腰”表示清高，有骨气。

智慧链接

人生在世就应像陶渊明一样，“不为五斗米折腰”，不向富贵和权势低头。我们应该活出自己的价值、活出自己的尊严，以期能为人民、为国家贡献己之力量。

“我是个农民，没有官位，怎么办呢？先生，我给你半个指头吧。”

乌克兰诗人

□几内亚

乌克兰诗人塔·格·谢甫琴科，于1814年生于一个农奴之家。他后来虽然赎了身，却因为写了许多革命诗歌，被流放到奥伦堡草原。他为人幽默而倔强，尤为傲视权贵。谢甫琴科喜欢随渔民去划船，捕鱼后就到小店去闲坐。

有一次，他在那儿遇见一位权贵，此人和他聊了一会儿，分别时，他向谢甫琴科伸出手来，却只给了一个指头，说：“当我向地位相等的人表示敬意时，我伸出双手；比我低一级的人，我伸出四个指头；再低一点的是三个指头；更低一点的是两个指头；对其他一切人则是一个指头。”

谢甫琴科笑道："我是个农民，没有官位，怎么办呢？先生，我给你半个指头吧。"说罢，他将拇指夹在食指与中指之间，露出半个指头，向权贵伸出手去。

智慧链接

在生活中，首先要自尊自重，遭到歧视，决不低头，在强大的势力面前不卑不亢，这样就会赢得别人的敬重。

有很长一段时间，我一直认为像我们这样地位卑微的黑人是不可能有什么出息的。

上帝没有轻看卑微

□郭欣文

一位父亲带着儿子去参观凡高故居，在看过那张小木床及裂了口的皮鞋之后，儿子问父亲："凡高不是位百万富翁吗？"父亲答："凡高是位连妻子都没娶上的穷人。"第二年，这位父亲带儿子去丹麦，在安徒生的故居前，儿子又困惑地问："爸爸，安徒生不是生活在皇宫里吗？"父亲答："安徒生是位鞋匠的儿子，他就生活在这栋阁楼里。"

这位父亲是一个水手，他每年往来于大西洋各个港口，这位儿子叫伊东·布拉格，是美国历史上第一位获普利策奖的黑人记者，20 年后，在回忆童年时，他说："那时我们家很穷，父母都靠出苦力为生。有很长一段时间，我一直认为像我们这样地位卑微的黑人是不可能有什么出息的。好在父亲让我认识了凡高和安徒生，这两个人告诉我，上帝没有轻看卑微。"

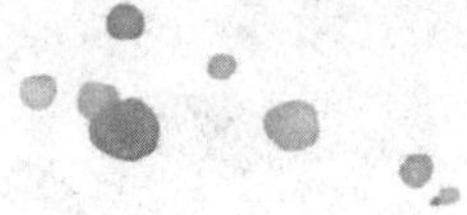

智慧链接

原来，很多时候，是出身卑微的人自己看低了自己。

这个世界穷人不少，但能够高擎自己的灵魂活着的人不多。

穷人的风骨

□马　德

一天，我正要去上课，突然，有人在背后喊我，我扭过头看去，是一个农民模样的人，但我却不认识他。

他说："马老师，马上就要上课了，我给闺女捎了些钱，麻烦你转交给她。"噢，原来他是我们班一个女生的家长。他随即从上衣口袋里掏出一沓钱，他迟迟不肯给我，不断地数着他手中的钱。我这才注意到了，那一沓钱最外面的一张是100元，里边有两张20元，还有一张10元，剩下的便是厚厚的一沓两元一元的零钞了，他又翻来覆去地数了几遍，嘴里念叨："怎么会少了一张呢？"

看着这些零钞，我当时突然有一种哽咽的感觉。几十年前我上高中时，父亲在一个大雪纷飞的冬天给我送钱来时，他冻得红裂的手心里攥紧的便是类似这样的一堆零钱，甚至里边夹杂着旧版的纸分币。而今天的这一堆零钱当中，可能也有省下的柴米油盐的钱，可能也有父母得病了舍不得吃药的钱，也许有几块钱是刚刚卖了鸡蛋得来的，甚至有的还是借别人的，上面尚留有别人的余温，可现在，他都给他的女儿拿来了。

我问："少了多少呢？"

"5元，"家长有些捶胸顿足，嘴里不停地说，"走的时候，我明明凑够了的，怎么会少了呢？这怎么办？"这位父亲显然有些着急了。

我说："不要紧，就这样先给我吧。"家长有些迟疑，但最终还是给了我。后来，家长走了，一边走，一边还不断地上上下下摸自己的衣兜，寻找他那不知遗失在何处的5元钱。

那节课，我上得很不好，脑海中总是浮现着家长找钱的着急样子，鼻子酸酸的。下课后，我也没有把钱给我的学生，而是直接回到了办公室。

在搭上自己的5元钱后，我把所有的零钱都换成了整钞。给学生的时候我也只是轻描淡写，简单地告诉她这是她父亲捎来的，学生点了点头便走了。我以为这件事就这样过去了。不料一天上午，这位家长又找到我，有些局促不安地从兜里掏出了5元钱递给我，并说："闺女前些日子写信给我，说我这次给她捎来的钱有些不一样，因为她从来没有收到过家里这么齐整的钱。读完信后，我便猜出了事情的原委，并且感觉到你肯定垫进去了几元钱，所以我今天给你送来了。"

我百般推辞说："5元钱的事，就算了吧。"但家长却极认真的样子，半天推却后突然好像生气了，一把把那5元钱塞到了我的手里，简单的几句客气话之后便一扭头走进深秋的风里。

我突然想起了我那位可爱的学生，作为贫穷人家的子女，她竟然知道贫穷人家的钱是什么样子的。我更喜欢这样的父亲，因为他知道贫穷的风骨是什么。这个世界穷人不少，但能够高擎自己的灵魂活着的人不多。更多的人常常因为很可怜的一点利益而丢失自己最宝贵的东西，从而使缺少精神之钙的虚弱身体在这个世界猝然跌倒。

智慧链接

贫穷并不可怕，穷要穷得值，要守住自己的人格尊严，物质贫穷算得了什么困难！穷人的风骨是一道最美丽的风景线。文中父女俩纯朴的品格净化了每一个被物欲占据的心灵。让我们铭记这贫穷的尊严吧！

自强不息战胜自我

学贵自信自立，不是倚傍世界做得的。

——〔中〕邓定宇

自强像荣誉一样，是一个无滩的岛屿。

——〔法〕拿破仑

我们有壳啊！我们不靠天，也不靠地，我们靠自己。

靠自己

□罗　西

小蜗牛问妈妈：“为什么我们从生下来，就要背负这个又硬又重的壳呢？”

妈妈：“因为我们的身体没有骨胳的支撑，只能爬，又爬不快。所以要这个壳的保护！”

小蜗牛：“毛虫姊姊没有骨头，也爬不快，为什么她却不用背这个又硬又重的壳呢？”

妈妈：“因为毛虫姊姊能变成蝴蝶，天空会保护她啊。”

小蜗牛：“可是蚯蚓弟弟也没骨头爬不快，也不会变成蝴蝶，他什么不背这个又硬又重的壳呢？”

妈妈：“因为蚯蚓弟弟会钻土，大地会保护他啊。”

小蜗牛哭了起来：“我们好可怜，天空不保护，大地也不保护。”

蜗牛妈妈安慰他：“所以我们有壳啊！我们不靠天，也不靠地，我们靠自己。”

智慧链接

有时候事情就是如此，当它把通往希望和成功的其中一条道路关闭时，它会同时打开其他一条或者好几条通往希望和成功的道路，千万别灰心，总会有办法的。

只有深深地扎根，才能找到自己真正的生存价值。

生命常青于自立

□李素清

在四川等地的大山里生长着一种叫茑的植物，它紧紧依附山里的树木攀藤而生。茑的叶子与芦苇的叶子很相似，它的球状果实呈红黑色，味道极其甘甜鲜美。路人见了，无不喜欢它的郁郁葱葱，更乐于品尝它甜美的果实。

然而，人们却忘记了茑需要攀缘在树上才能生存的事实，木工师傅进入山里伐树，结果茑和树同归于尽，这使许多喜欢茑的人好生叹息。他们慨叹茑如果能够独立生长该多好呀！那样就可以享受雨露的滋润，长生不息，同时又能奉献给人类甘美的果实，而它却偏偏委身于树木，以至横遭砍伐。

祸兮，福之所倚；福兮，祸之所伏。茑的生命曾因依附于大树而熠熠生辉，又因依附于大树而遭杀身之祸，这是茑的幸运与不幸。在它依附大树高枕无忧地攀援而上，步步登高时，它的郁郁葱葱受到了世人的恭维与艳羡，而就在木工理所当然的砍伐中，茑却无可奈何地赔上了自己的生命，这又怎能不让世人为之惋惜？

趋炎附势、追慕荣华是茑悲剧的根源。只有深深地扎根，才能找到自己真正的生存价值。

人是万物之灵长，应当更懂得如何珍爱生命。自立自强，永远是生命之本，保持独立的人格方能使生命之树常青。依附他人，寄人篱下，即使一时博得锦衣美食，珍馐美馔，也不能永享天年，富贵终生。一旦失去靠山，便会一损俱损。

攀援依附，是茑的悲剧，自立自强，是人生的根本。“保持独立的人格方能使生命之树常青”，君不见李鸿章、汪精卫之流在国难当头之时，依附于洋人胁下，数典忘祖，虽一时荣华富贵，但终究遗臭万年。

真正能拯救你们的还是你们自己。而我的存在，只能说明你们的不幸。

偶像的话

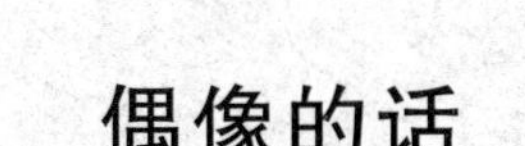

□艾　青

在那著名的古庙里，站立着一尊高大的塑像，人在他的旁边，伸直了手还摸不到他的膝盖。很多年以来，他都使看见的人不由自主地肃然起敬，感到自己的渺小、卑微，因而渴望着能得到他的拯救。

这尊塑像站了几百年了，他觉得这是一种苦役，对于渴望从他这得到援助的芸芸众生，明知是无能为力的，因此他由于羞愧而厌烦，最后终于向那些膜拜者说话了：

“众生啊，你们做的是多么可笑的事！你们以自己为模型创造了我，把我加以扩大，想从我身上发生一种威力，借以镇压你们不安定的精神。而我却害怕你们。

“我敢相信：你们之所以要创造我，完全是因为你们缺乏自信——请看吧，我比之你们能多些什么呢？而我却没有你们自己所具备的。

“你们假如更大胆些，把我捣碎了，从我的胸廓里是流不出一滴血来的。

“当然，我也知道，你们之创造我也是一种大胆的行为，因为你们尝试着要我成为一个同谋者，让我和你们一起，能欺骗更软弱的那些人。

“我已受够惩罚了，我站在这儿已几百年，你们的祖先把我塑造起来，以后你们一代一代为我的周身贴上金叶，使我能通体发亮，但我却嫌恶我的地位，正如我嫌恶虚伪一样。

“请把我捣碎吧，要么能将我缩小到和你们一样大小，并且在我的身上赋予生命所必需的血液，假如真能做到，我是多么感激你们——但是这是做不到的呀。

“因此，我认为：真正能拯救你们的还是你们自己。而我的存在，只能说明你们的不幸。”说完了最后的话，那尊塑像忽然像一座大山一样崩塌了。

的确，真正能拯救你的也只有你自己。如果自身不改变，不积极向上，任何外力都无法将你拉出深谷，即使拉上去了，也只不过是一副躯壳，不会有任何用途，形同死尸。

记住：与其把自己交给别人，不如做自己的主宰，只有主宰自己的人，才能成就大业。

想不到吸收了口水的滋养，垂危的龙马上恢复了力量。

从口水中腾飞

□西尼亚

传说天上生活着一群龙。

龙几乎是万能的动物，它最大的缺点就是对水的依赖性太强，哪怕凭借一滴水，它也能上天入地，呼风唤雨。

如果离开了水，再威风的龙也会一筹莫展，束手待毙。

这天，有一条龙从天上来到人间观光。

由于人间的风景实在迷人，它没注意到一个心怀恶意的巨人正拿着一把锋利的斧子在等待着它。

趁它不备，巨人一斧子砍向它的后背。

龙受伤倒地，没等它反应过来是怎么回事，巨人走过来，用一根长长的铁链把它锁了起来。

天上的龙却不幸在地上落难，它的痛苦无以言表。

巨人把它锁了整整七天七夜。

极端的干渴，已经使它奄奄一息。

“给我一桶水吧。”

龙哀求道。

巨人拒绝了它。

“那么，给我一碗水吧。”

龙降低了自己的要求。

巨人理都没理它。

“那么，你能不能给我一滴水？”

龙把要求降到了最低限度。

“你想得倒美，我一滴水都不会给你，你只配得到口水！”

巨人怒不可遏地骂着，一边就向它吐口水。

想不到吸收了口水的滋养，垂危的龙马上恢复了力量。

只见电闪雷鸣，天崩地裂，它挣脱了铁链，转眼间就飞到了天上。

智慧链接

在艰难困苦的人生道路上，我们每个人都是一条被铁链锁住的龙。只不过，有的龙能够反败为胜、化耻笑为力量，从口水中腾飞；更多的龙则不能，它们死于人们恶意的口水。

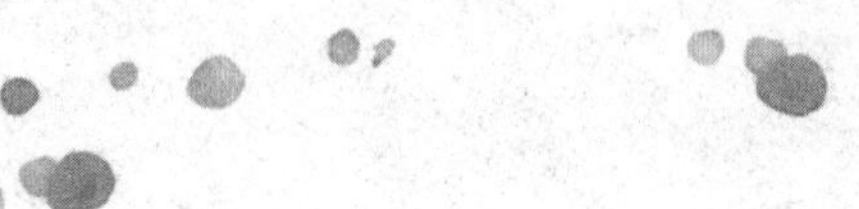

女士，你说错了，我不是乞丐，我是在卖唱。

人生没有乞丐

□吴　私

一个下着小雨的中午，车厢里的乘客稀稀落落的。在桥头站，上来一对残疾的父子。中年男子是个盲人，而他不到十岁的儿子呢，则只剩下一只眼睛略微能看到东西。父亲在小男孩的牵引下，一步一步地摸索着走到车厢中央。当车子继续缓缓往前开时，小男孩开口了："各位先生女士你们好，我的名字叫汤姆，下面我唱几首歌给大家听。"

接着，小男孩用电子琴自弹自唱起来，电子琴音乐很一般，但孩子的歌声却有天然童音的甜美。

正如人们所预料的那样，唱完了几首歌曲之后，男孩走到车厢头，开始"行乞"。但他手里既没有托着盘，也没直接把手伸到你前面，只是走到你身边，叫一声"先生"或"小姐"，然后默默地站在那儿。乘客们都知道他的意思，但每一个人都装出不明白的样子，或干脆扭头看车窗外面……

当小男孩小手空空走到车厢尾时，玛利亚旁边的一位中年妇女尖声大嚷起来："真不知怎么搞的，纽约的乞丐这么多，连车上都有！"

这一下，几乎所有的目光都集中到这对残疾的父子身上，没想到，小男孩竟表现出与年龄极不相称的冷峻，一字一顿地说："女士，你说错了，我不是乞丐，我是在卖唱。"

车厢里所有淡漠的目光刹那间都生动起来。有人带头鼓起了掌，然后是掌声一片。

一个没有生存能力的孩子，却顽强不屈地承受着生命给予他的考验，我们怎么能说他是乞丐呢？

黔傲万万没料到，饿得这样摇摇晃晃的饥民竟还保持着自己的人格尊严，黔傲满面羞愧，一时说不出话来。

不受嗟来之食

□李高峰

古时候，有一个富人名叫黔傲。有一年国家闹灾荒，穷人几乎天天都没有东西吃，一个个饿得东倒西歪。他便想拿出点粮食给灾民们吃，但又摆出一副救世主的架子，他神气活现地站在路边，把做好的窝窝头摆在旁边，施舍给过往的饥民们。每当过来一个饥民，黔傲便丢过去一个窝窝头，并且傲慢地叫着："叫花子，给你吃吧！"有时候，过来一群人，黔傲便丢出去好几个窝窝头，让饥民们互相争抢，黔傲在一旁嘲笑地看着他们，十分开心，觉得自己真是大慈大悲的活菩萨。

这时，有一个瘦骨嶙峋的饥民走过来，只见他满头乱蓬蓬的头发，衣衫褴褛，将一双破烂不堪的鞋子用草绳绑在脚上，他一边用破旧的衣袖遮住面孔，一边摇摇晃晃地迈着步子，由于几天没吃东西了，他已经支撑不住自己的身体，走起路来有些东倒西歪了。

黔傲看见这个饥民的模样，便特意拿了两个窝窝头，还盛了一碗汤，对着这个饥民大声吆喝着："喂，过来吃！"饥民像没听见似的，没有理他。黔傲又叫道："嗟，听到没有？给你吃的！"只见那饥民突然精神振作起来，瞪大双眼看着黔傲说："收起你的东西吧，我宁愿饿死也不愿吃这样的嗟来之食!”

黔傲万万没料到，饿得这样摇摇晃晃的饥民竟还保持着自己的人格尊严，黔傲满面羞愧，一时说不出话来。

本来，救济、帮助别人就应该真心实意而不要以救世主自居。对于善意的帮助是可以接受的，但是，面对“嗟来之食”，倒是有骨气些好。

不要叫醒，不要惊动我所亲爱的，等他，自己愿意。

不 扶

□叶倾城

11 月，武汉却豪雨如注。微灰粗线条的雨，哗啦啦，淹了一片城。下班路上看见不远处一位女友，细高跟小靴，在一踩一汪水的人行道上，连连踉跄，正想喊她，她已一脚跪倒在地。

我下意识想冲上去扶，却停住了。

我不是没有摔过跤的。

因为曾经深爱过，是浮在云端的幸福，跌倒的声音便是沉闷，恨，绝望，痛到骨痛的第一反应就是哭。时不时，无端地泪流满面，公车里，餐桌上，超市的货架前，也有时，正开着盛大的会，忽然主持人脸色微变，看向我，我才陡然知觉，整个会议室很静，大家都手捧材料低着头，却没有翻页的哗哗声，仿佛所有的人都在窥疑，残忍地等待我的崩溃。只要一句虚情假意的“怎么了”，我知道我会号啕大哭，把这一年来的纠缠和盘托出，呼天抢地，捶胸顿足喊救命，像街边被抢了钱包的妇人……即使明知，那些安慰的背后是嗤笑，我的惨痛会被编成歌来唱，此后成为大家的津津乐道。在我即将失控、尊严扫地的刹那，身边的同事轻轻一笑，“你割双眼皮了是不是？眼睛不舒服吧？我当初做的时候也一样，还老掉眼泪呢。”随手，递过来一张柔厚的纸巾。我接过，嗯一声，泪水汩汩而下。

此刻看见狼狈爬起的女友，大衣下摆，修长笔挺的黑长靴上全溅满泥浆，平日里孔雀般绝美的女子，此刻又羞又窘，脸都涨红了，低头疾走，翻皮包拿纸巾来擦手，她应该没伤着，而我的出现，会不会让她觉得，在熟人面前摔跤，是一件很丢脸的事？

人生总有摔倒的时候，无论是泥泞的街边，抑或是爱而不得。有时候，需要扶；有时候，却需要人假装一无所知，来保全失足者最后的颜面。因此，《圣经》里道：不要叫醒，不要惊动我所亲爱的，等他，自己愿意。不扶，常常便是最大的扶。

智慧链接

许多人都有这样的体会：每当独自伤心落泪的时候，真是不希望别人介入充当安慰者的角色，只想独自承受一切。我们无法阻止挫折，但是我们完全可以选择坚强，可以用自己的双肩挑起自己的生活、事业、命运。为自己创造一个心灵的空间吧！路就在自己脚下，需要我们独自去面对一切！

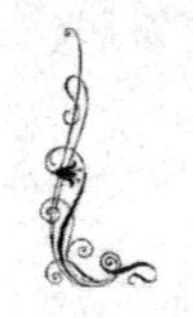

他为有这样一个女儿而自豪，脸上天天挂着笑。

自强的我

□陈　超

在我看来，我家最美满了，随着年龄的增长，我隐约感到家里弥漫着一种莫名其妙的气氛。

记得去年夏天的一个傍晚，家里来客，问起我的情况。爸爸苦笑了一下说：“现在还挺好，各科成绩都在九十分以上，要是个男孩子，一定能考上大学，可是女孩子……”我听了爸爸的话，心里像被针刺了一下似的，心里暗暗地想“这男尊女卑的封建思想太可怕了，就连爸爸这样的教师……女孩子怎么就不能像男孩子一样大有作为呢？花木兰、郎平、居里夫人不都是女的，爸爸为什么想不到呢？爸爸认为女孩子不行吗？我非要出这口气不可，男孩子能做到的，我也一定能做到，我不但要用我的实际行动打破传统的观念，而且还要让爸爸妈妈觉得我就是家中的‘男孩儿’——我要自强!”

从那以后，我更加刻苦。不论是寒冬的早晨，还是盛夏的夜晚，我都孜孜不倦地学习，每次考试成绩都很出色。每当拿回成绩单的时候，我总是带着胜利者的微笑对爸爸说：“全班三十多名男同学的成绩都在我后面!”这时爸爸笑着说：“我希望我的女儿比男孩子强。”

不仅在学习上，就是在家务劳动中，我也从不让爸爸觉得我是女孩子，没力气。爸爸挑煤我撮煤，爸爸抹墙我端泥。有一次，我把六百斤白菜下到窖里，手被绳子磨出了血泡，脸被铁丝划破了，汗水流到划破的伤口上，火辣辣的。但我心里比吃了蜜还甜，因为我又为爸爸做了一件男孩子应该做的事，让他感到家中有一个“泼小子”。

在生活上，我从没在个人打扮上浪费过时间，我讨厌涂脂抹粉，穿红戴绿。邻居的阿姨对我爸爸妈妈说：“你们家小超真是托生错了，像个‘假小子’。”听了阿姨的话，我心里一阵快慰，爸爸、妈妈也会心地笑了。

岁月在流逝，今年我已经十五岁了。由于我很多方面都像男孩子，所以爸爸妈妈不再因为没有男孩子而苦恼，特别是爸爸，近几年常在邻居、亲戚、朋友面前夸我，他为有这样一个女儿而自豪，脸上天天挂着笑。

智慧链接

有句话说女儿是父母的贴心小棉袄。可有些家长依旧有重男轻女的传统思想。文中的我用实际行动证明一句话：谁说女子不如儿男!

自强、自立是人生的脊梁，要想实现自身价值必须有自强不息的精神、敢于创新的勇气和坚持不懈的努力!

虽然我的腿再也不能站起来了，但我再不会自暴自弃，因为我的心已站起来了！

我的心站起来了

□赵　伟

去年暑假的那场无情的车祸，夺去了我的右腿，我的生活从此笼罩在一片灰暗之中，过去那个活蹦乱跳的我消失了。

坐在轮椅上的我感到烦躁不安，听到同学们的笑声，我就觉得他们在笑话我，看到他们在运动场上的身影，我恨不得要把球场掀翻。空着的一条裤管——这铁的事实更使我感到孤独和迷惘。对于学习，我全无兴趣，反正我已经残废了，学了能有多大的用！将来哪个工作需要一个只有一条腿的人干？我真想找座空无一人的大山，从此与世隔绝。

一日课间操时，我又像往常一样呆呆地坐在空空的教室里，一动不动。这时，一张熟悉的面孔又出现在我的眼前，我又叹了一口气。“赵伟，当一个人身处逆境时，应当奋发向上，而不应消极颓废。”

她替我理了理空着的裤管，接着说：“老师知道你心里很苦，但是这一切不会因为你的唉声叹气而变成顺境。你只有振作起来，才能改变你的现状。我们一起努力，好吗?”

“呜呜——”我再也忍不住了，放声大哭起来，“不管我怎么努力，我已经没有希望了!”“有努力就会有希望，如果你现在放弃，那就永远没有希望了。”老师紧握住我的手坚定地说。

“可我是一个独脚，别人会笑话我的!”“生理上的残疾别人是不会笑的，因为这不是你的错。如果一个人心理上残疾了，意志消沉，自暴自弃，才会让人瞧不起!”老师的话像一枝蜡烛，使我灰暗的心里有了一丝光亮。

在以后的日子里，同学们纷纷向我伸出援助之手，解决了我生活上的后顾之忧，我甚至可以上体育课了，虽然我只能坐在轮椅上，但我的心里却充满了活力与阳光。

我不再自卑，笑容又回到我的脸上。我是少了一条腿，可不是有许多残疾人通过自己的努力，取得令常人难以想象的成就吗？张海迪从小患小儿麻痹症，她还努力学习，后来高位截瘫，她仍没有消沉，还是继续自学，终于成才。海伦·凯勒集聋哑盲于一身，这样的打击多大啊，可她却以惊人的毅力，成为一个世界著名的作家，还有那个和我一样坐在轮椅上的歌手郑智化，他不是唱着“风雨中，这点痛算什么，擦干泪，至少我们还有梦”吗？和他们比起来，我又怎能轻言放弃呢？也许，我并不能取得多大的成就，但我要继续努力，努力把自己所能做到的事做得更好！想到这里，我的心中一片光明。

“心若在，梦就在，天地之间还有真爱，一切只不过是从头再来……”刘欢动情的歌声时常在我心头响起，时时鼓舞着我前进，虽然我的腿再也不能站起来了，但我再不会自暴自弃，因为我的心已站起来了！

智慧链接

无情的灾难夺走了“我”的右腿，“我”的心，也在一片灰暗的生活渐渐死去。一次课间操老师的话深深地震撼了“我”的心灵。“天有不测风云，人有旦夕祸福”面对人生逆境，我们应试着去摆脱自己的困扰，走出阴影，痛苦过后就是甘甜。面对生活，我们应用心聆听，聆听眼泪背后的欢声笑语。正如那首歌：风雨中，这点痛算什么，擦干泪，不要怕，至少我们还梦……

我不再为我的脚跛而自卑，我的性格逐渐热情开朗起来。人生最短的不是你的缺陷和缺点，不要一味地掩饰、分割你的短处和不足。

人生更短的东西

□孔 琪

十岁那年，我从牛背上摔了下来，落下了脚跛的后遗症。我不再和同学们一起玩耍，我怕看他们的目光，更怕他们在我背后交头接耳、嘻嘻哈哈。我用自己的冷漠和孤独去对抗他们的热情、同情或嘲笑。

直到上了初中一年级，我仍没有任何朋友，也很少和同学、老师说话，每天都静静地坐在教室最后面的一个角落里发呆。

后半学期，一位姓邱的老头当了我的班主任。一天下午放学后，他叫住正要走出教室的我："可以到我的办公室做客吗?"邱老师的脸上布满了真诚和慈祥。那一刻，我的泪水流了下来。自从上学起，还没有哪位老师对我这样微笑过——不含怜悯，没有嘲笑。

邱老师让我坐下，他用粉笔在地上画了一条直线。"你能用什么方法使它变短?"

我笑了，这有什么难的。我用手指在直线上抹了一下："这不就短了吗!"

"还有其他的方法吗?"邱老师仍然微笑着问我。

我又用手指狠狠地在一节线段上抹了一下："老师，它更短了。"

"还有其他方法吗?"我摇了摇头。"你看，"邱老师拿起粉笔在3节线段的旁边又画了一条更长的直线，"它们是不是更短了一些。"邱老师指着两条线说。

我点了点头，诧异地望着他，我不知道今天这老头葫芦里卖的什么药?

"刚才的短线好比人的短处，长线呢，就好比人的长处。你只在短线上抹了几下，表面上，它变短了，可事实上它还继续存在，就像人的短处，无论怎样掩饰、分割，它仍是你的短处。人生有些事情不能轻易改变，但改变另外一些东西，就容易多了。”邱老师说着，又在线段的旁边画了一条更长的线，“你看，人的长处越长，他的短处不就更短了吗?”

我不禁震住了。“我通过别的老师和同学，包括你的父母了解到，其实你有许多别的同学没有的优点，你的书法、文章都写得不错，眼光放到你的长处上，你同样可以成功、快乐。”

从此以后，我不再为我的脚跛而自卑，我的性格逐渐热情开朗起来。人生最短的不是你的缺陷和缺点，不要一味地掩饰、分割你的短处和不足。正视它，然后淋漓地发挥长处和优势，那么，你的短处就会越来越短，成功也会越来越近。

智慧链接

身体不健全的人，会有自卑的心理，常常会遭到周围人的讽刺、嘲笑。可是，自己不要因此而悲观、失望，要正视自己的短处，然后竭力发掘自己的优势。只要自己以自强不息的信念，去对待生活带来的不幸，那么我们的生活会越来越美好，成功也会越来越近。

亲情是温暖的心灵家园

亲情是人类情绪中最美丽的，因为这种情绪最没有利禄之心掺杂其间。

——〔法〕巴尔扎克

人生最美的东西之一就是亲情之爱，这是无私的爱，道德与之相形见绌。

——〔日〕武者小路实笃

对于一位母亲而言，在面对绑匪枪口的时候，心中又怎会有什么选择？

母亲的抉择

□程立祥

那天，28 岁的琳莎娜带着 2 岁的小儿子送 6 岁的女儿到学校去。因为是第一天开学，女儿艾拉娜非常高兴。

这是一个绝对好的天气，树上的鸟儿也自由自在地唱着快乐的歌。学校是孩子们的天堂。但谁也不会想到，噩梦悄悄地来临了。可怕的人质绑架事件发生了，许多头套黑罩，只露出两只眼睛的武装分子冲进了学校。他们持着枪，举着刀，对准着这些惊恐万分的孩子们。

时间一分一秒地走着，有些孩子被武装分子叫出去就再也没有回来。琳莎娜也是惊恐万分，身边是女儿，怀中有儿子，她不知道如何去面对，她甚至能够感觉到死亡的气息越来越近。

由于长时间的缺水，儿子用嘶哑的声音哭了起来。那个绑匪不耐烦了，手一指："你过来！"琳莎娜惊恐万分，但又毫无办法，她把儿子放下，又把儿子抱起来，要是把儿子单独留下，同样是死路一条。女儿艾拉娜也没有留下，跟在了母亲的身后。

或许是那个绑匪心生怜悯，或许是绑匪要玩一场猫捉老鼠的游戏，他同意琳莎娜离开，但必须在儿子和女儿之间作一个选择，只能带一个走。

琳莎娜惊呆了，在两个孩子中二选一，这是每一位母亲都难以抉择的事情。她多么想让自己留下！——这是她一辈子最痛苦的选择。

琳莎娜抱着儿子快步向外跑去，留下的是 6 岁的女儿艾拉娜，女儿望着妈妈的背影拼命地哭喊："妈妈，别扔下我！"声音撕裂着琳莎娜的心，在即将走出学校的时候，琳莎娜又回头看了女儿一服，心中说我还要回来。

果然，不到一个小时，琳莎娜不管外面人的劝阻，又回到了人质中间，她悄悄地给女儿带去了水，她说："我是母亲，我不能扔下另一个不管，我知道，如果我不回来，艾拉娜一定会死，我站在她身边，哪怕是最危险，哪怕是绑匪用枪对着她，只要我在她面前，替她挡着子弹，总还有生的希望。"

如今，琳莎娜和儿子、女儿都健健康康。或许，谁都会猜测到在女儿艾拉娜心中一定有个疑问：当初母亲为什么没有带她走？

我想，这个答案，她母亲早已用行动做了回答。在俄罗斯的历史上，也一定会记下"北奥塞梯人质事件"。这次惨无人性的绑架学生事件中，死亡的人数是 332 人，重伤是 704 人。其中，学生死亡有 155 名，重伤 247 名。然而 6 岁的艾拉娜却安然无恙——这是母亲再次回来的结果！这是母亲陪她共同渡过被绑架 53 个小时的结果。

其实，对于一位母亲而言，在面对绑匪枪口的时候，心中又怎会有什么选择？

她心中唯一有的，就是爱！除去自己的、对儿女的无私的爱！

智慧链接

20 个世纪前意大利那不勒斯附近的庞贝古城，因一次火山喷发而被炽热的岩浆湮没。今天，当考古学家对其进行挖掘时，人们惊异地看到了极为感人的一幕：一位母亲在努力地弓起脊背抵挡着岩浆，企图保护她身下的孩子……

由此，我们可以看到，伟大的母爱和母爱的伟大，不仅可以跨越生死的界限，同时，它还可以跨越历史，超越时空！

所以有人说：人世间，没有比母爱更伟大、更恒久的情感了！

那么，就让我们去爱所有的母亲吧！

不该笑的时候她也笑，她还不时地半带惊恐又半带真情地望着正在蚕食她的躯体的孩子。

女人和孩子

□阿尔盖齐

一个女人怀里抱着个孩子，在火车站上错了车。售票员骂她为什么不看清车次和方向，按规定，检票员还要罚她的款，他是专门给人讲授什么叫作舞弊和义务的。这女人忍受着辱骂，紧贴着门站着。她光着脚，敞着怀，没有半点假正经。一个瘦骨嶙峋的孩子吸吮着她那干瘪的乳房。高贵的圣像画里常见的那种极度受苦的模样儿，是令人难以忍受的，特别是想到女人还可以被追求，而且能受孕，或者，尤其是想到她那无光的眼睛曾经闪烁过，她的双臂还被搂抱过，肚子也曾享受过女人的欢乐。想到这些，真想攥紧拳头，把这下流的、腐败的世界砸个稀巴烂。

两站之间，沿途有一条铺了柏油的马路。当女人和孩子从那熙熙攘攘的街上穿过时，他们显得比在无声的解剖室还要孤独。他们只不过做错了一点纯粹是对自己不利的小事，可是谁也不问一声他们想做什么，从哪里来。同所有买了票而且又会区别车次不会弄错的人一样，他们自由。似乎谁也没有义务来寻找这个孤独的儿童身旁的孤独的女人。在她所经历的这段可怕的寂静中，却还要去尽母亲的责任和义务。

从那不修边幅的外表来看，仿佛这女人是个疯子。一块裙子布从肩头一直搭到膝盖。不该笑的时候她也笑，她还不时地半带惊恐又半带真情地望着正在蚕食她的躯体的孩子。只有尽义务的本能仍完好无缺，正是这种本能驱使她来到车站。

“你要到哪儿去？”有人问她。

“不知道”。女人清楚地回答。“我去车站。”

“从车站再去哪儿？”

“不知道。”

“那么，你为什么去车站？”一个人颇有逻辑地问。

“不知道。”女人平静地回答。

“拿着这个金币吧。”有人说着伸手递给她一块新的金币。

女人没去拿那块黄澄澄的钱币，只是看着它闪烁着的光芒，像是一支点燃的香烟。她笑了，似乎根本不需要它。

“拿去吧，给孩子买点什么。”车厢里一个妇女鼓励着她。

女人又笑了，她的眼睛似乎在说什么，嘴唇也微微动了一动。

正在下车的时候，抱孩子的女人说。

“他已经死了。”

智慧链接

看过此文，有一种想哭的冲动。在我看来，这个女人真是伟大到了极点，她所做的一切都是为了孩子，孩子是她生命的全部，孩子没了，一切诱惑都变得毫无意义，无足轻重。我断定一个母亲的责任和义务，在她心里重如泰山，她的所有欢声笑语都是因孩子而发，最后也因孩子的夭折而永远消失，这一切只缘于一个字，那就是：爱。

父母与子女，相看两不厌，天天都是母亲节，日日都是父亲节，时时刻刻都是儿童节！

孩子的礼物

□尤　今

孩子自从懂事以来，每一年的母亲节都给我买礼物。虽然觉得这个节日已经高度商业化了，可是，我还是乐得每年一度享受这种物质重于精神的母爱。唯一的遗憾是：孩子老是花钱买些华而不实的东西，比如说吧，那些摆设品，不但不美，而且大件、易碎，收着嫌碍地方，摆着嫌格调不高，丢掉嘛，却又于心不忍，真是名副其实的“鸡肋”。今年，我采取了一个“革新”的做法——根据他们的“经济能力”，列出了一个购物名单：老大买热水瓶、老二买雨伞、老三买电脑磁碟。

母亲节那天，三个孩子一早便相携出门去了。我喜滋滋地坐在家里，等待他们把实惠耐用的礼物带回来。

中午时分，大中小三个孩子脸上闪着神秘而又兴奋的笑意进门来了，长子将手上那个大大的方形纸盒放到我面前来。嘿！他们居然送我这样一个全无纪念意义、毫无收藏价值的礼物！我瞪着眼前这个从名牌酒店买回来的大蛋糕，难掩失望之情，脸上笑容硬是灿烂不起来。

次子细心，单刀直入地问：“妈妈，您好像不喜欢我们的礼物？”我不善掩饰，直话直说：“买这个蛋糕的钱，可以买几把雨伞呢！”女儿满腔委屈地说：“您平时最爱吃榴莲，我们三个人花了很大的心思才想到订做这个榴莲蛋糕啊！”这时，长子也插口说道：“您要的热水瓶、雨伞和磁碟，我们随时都可以买给您，但是，母亲节，我们应该买一些让您感到惊喜的东西呀！”

望着那三张热切盼望我快乐的脸，听着他们嘴里流出来的话语，惭愧之情骤然飞卷而来。真不敢相信，我居然成了商家“成功”地“荼毒”的对象，“物质化”得不可理喻！

平心而论，对于母亲来说，孩子得以身心健全地成长，便已是一份千金不易的礼物了；而对于孩子来说，子欲“爱”而亲犹在，也就是一种至高无上的大幸福了。父母与子女，相看两不厌，天天都是母亲节，日日都是父亲节，时时刻刻都是儿童节！同样的，只要健健康康地活得扎扎实实，我们天天都可以对着自己愉悦地高唱“生日快乐”！

孝心是一种美德，孩子对父母的爱，对父母养育之恩的回报是不能物化与量化的，可以用情深似海来作比。对父母来说，孩子们最珍贵的礼物莫过于看到他们健康成长；而对孩子们来说，可珍惜的是父母还有机会享受自己的回报。

去尽一份孝心，今天就是良辰。

无须择日的良辰

□佟　云

一位妇人29岁开始守寡，带着一儿一女艰难度日，却始终不肯改嫁。终于有一天，儿子长大成人去闯关东，落脚在另一座城市，他一直盼望自己的境遇好些后再把母亲和妹妹接来。为此，他早早为母亲准备了一套崭新的衣服和一双母亲最钟爱的软底鞋，只等待那喜洋洋团聚的时刻，但因为种种原因错过了一次又一次机会。

忽然有一天，他接到妹妹发来的电报，母亲因脑溢血突然去世，当他匆忙赶到并亲手为母亲穿上衣服和鞋子时，那种悔恨刺得他痛彻心扉。

当年已67岁的舅舅在电话中给我讲完这个故事后，我以最快的速度将故事中的妹妹——我的母亲从遥远的北方接来深圳，尽管我现在的状况距离我想给母亲的还差得很远，但我深深地懂得，有些事情在你想做或有能力做得完美时，已经太晚了。

去尽一份孝心，今天就是良辰。

“有些事情在你想做或有能力做得完美时，已经太晚了”，其中就有“孝心”这件事，所以“去尽一份孝心，今天就是良辰”。

离开了我所眷恋的亲人，我愿像落叶一样飘去！

活着就有牵挂

□周玉明

我曾经最害怕“死别”，如今我便害怕“生离”。

“生离”远比“死别”更令人持久地痛苦。尤其是对于活埋了而仍然不肯死去的爱情和友情来说，彻底的死亡反而痛快。

那么多朋友，一个个先后远走高飞，去了异国他乡。我也不是没有机会去国外，但真的要和亲爱的人分离，我却感到比死别还难受。我悟出了有人才有地的道理。

自拿到批准去美国的护照后，父亲就突然一病不起，他原先的身体可硬朗，可健康呢，我感到了我的分离对父亲打击的分量。他病在床上，心里一直在念叨：“我的女儿签不出！我的女儿签不出！”他的咒语还真显灵。他病了两个月，人瘦了二十几斤，我拖到不能再拖时，才忧心忡忡去美国领事馆签证。

站在签证的窗口，我只感到自己魂不附体，心不在焉，整个成了空心人了。天哪，原来我还有那么多的牵挂！慈父的两道目光像铁钩子，将我的心紧紧钩住。我的耳边突然鸣响着我自己写下的诗句：“离开了我所眷恋的亲人，我愿像落叶一样飘去！”我明白了，我是怎么也走不出我父亲的目光，怎么也逃不出我眷恋的亲朋好友的眼眶。心儿一阵颤悸，我匆匆抽下了税收证明单，将不完全的材料让领事看。领事问我什么，我只会摇头。其结果自然是签不出，我的父亲如了愿。

我傻笑着走出美国领事馆，门口的人拥过来：“签出了?”我潇洒地挥挥手，感到从未有过的轻快和解脱。

人到哪儿都有生存的障碍。人在哪里都有苦有乐。人总要面临取舍，为其取而舍。我已不是小青年，我已懂得该抛弃什么，该珍爱什么。一个人不一定适应每种土质，但总有一种合适的土壤最宜于自己生长。

这儿有我的亲人，有视我为生命的父亲。多少年来，无论我碰到什么不如意或失意之事，从不抱着脑袋痛哭流涕，我会勇敢地冲破精神低潮，尽快振作起来，因为我头顶上有一双慈父的眼睛在注视着我，我流泪，他的心就会滴血，我哭，他就会心碎。

我梦寐以求的，也是我一生中想的最多的，就是生生死死从属于一个地方，能够从心里感受到那是我的。我不愿意成为一封贴足了邮票而不知寄往何处的家信！我知道真正的归宿感来自本身的信心，相信自己存在的价值。

我只害怕一样东西，那就是精神的饥渴。我需要爱情，也需要友情。友情和爱情的区别是，友情意味着两个人和世界，而爱情意味着两个人就是世界。只有当爱别人和被别人爱的时候，才能淋漓尽致地发挥自己的才能和潜能。充满爱心的人，也是最有活力、最有生命力的人。如果我的存在，能给周围人带来温暖，我的生命便获得了意义。

生活中遇见每一位知心朋友，似乎都存在着机缘，从现象看，它纯属偶然，但又盼望已久，等待了多年。

有缘必有人，有人才有地。在我生命的未来岁月，我要尽力剪裁人生之美。我将加倍珍视人世间一切美好的东西，珍视爱情，珍视友情，珍视感情，珍视尊重。我定以涌泉之心报人以滴水之恩。这世上最不能欠下的是感情，最不能疏忽的是缘分。人只有在内心和环境都充满了爱的氛围中，才能健康成长。

我写此文时，父亲正病危在床。我庆幸自己没有远走高飞，在他最需要我时，我能依偎在他身边。我恨我懂得太晚。对一个人好，要马上对他好，等，会后悔的。

活着就有牵挂，牵挂构成人生。人生之旅中的一切慈爱，一切情爱，一切对幸福的渴望，一切值得你牵心挂肠的东西，都会像无形的拉力，编织成一张大网，把你紧紧网住。而这一切又全出于你自己的心甘情愿。

智慧链接

人活着就会有生离死别，有生离死别就免不了要有一份牵挂。

牵挂是父母幽幽的眼；牵挂是品尝佳肴时的心不在焉、魂不守舍；牵挂是梦中惊醒，泪眼模糊……活着就有牵挂，牵挂构成人生。

这是平静水面下深处的激流啊！

淡淡的深情

□常跃强

母亲赋予我生命。她只有我一个儿子，不可谓不疼，也不可谓不娇。然而好多年，母亲对我总是淡淡的。起初我不甚了了。后来随着年龄的增长，我才渐渐地对慈母之心有了一些理解。

恢复高考的第二年，我考上了大学，且还是个中文本科。在我那个偏僻的小村子里，这是开天辟地第一个。左邻右舍的道贺声中，一片"啧啧"，"啧啧"里还含着惊诧！嗜酒如命的父亲，天天与乡亲喝到一醉方休。酒后吐真言："没事了，往后这就没事了！"随后便要我去亲朋好友家一一拜别，那意思里也带有一点儿炫耀。只有母亲总是淡淡的，不见她多么喜，也不见多么愁。她戴了老花镜，在暖暖秋阳里给我缝新被子。我走过去，她听见了我的脚步声，目光从老花镜上方探出来，淡淡地一笑，又继续埋头缝被子。我说：“妈，我要上大学去了！”母亲说：“我知道了。”没有鼓励，没有过高的期望，连声音也是淡淡的。

上路的那天是个好晴天，母亲提着提包送我出了大门。出大门也就是走了三五步，母亲就把提包递给我，说：“你走吧……”而后便是很决断地转身，硬朗朗地走回去，院里葡萄架的叶子遮住了她的身子，我只看见淡淡的身影。

在车站上，见一些同学的父亲来送行，依依惜别，千叮咛万嘱咐，父母和儿女的眼睛里都注着一泡泪。我孤零零的，便觉得很委屈。上了车，我赌气坐在一个角落里，谁也不理，埋头读书。车开动了，一些同学掏出手绢擦那红肿的眼睛。我反倒觉得赤条条无牵挂，心里轻松，行动潇洒！

大学四年，花开花落，一连串长得令人发腻的日子。读书读烦了，作文作累了，每每对窗呆坐便想起母亲。小时候，母亲一眼看不见我就满街喊；喊不应，就往水井里看，到池塘边去找。我忽然猴一样从哪个旮旯里钻出来，母亲就笑骂一声，巴掌扬起来要打，但落下来却极轻，拍打掉沾了一身的泥……温馨的回忆，常使一颗心阵阵发热，泪就在不知不觉中从腮边滑下来。于是便想立刻动身，风雨兼程，扑进母亲的怀抱里。当收拾提包的时候，母亲淡淡的神情渐渐在我眼前幻现得清晰，心也就逐渐凉了，终于叹出一口气……

我结婚后，偕妻回老家探望父母。正值隆冬，又下了大雪，天短夜长，一家人围炉闲话。说起我当年上大学的事，母亲就说：“你上大学以后，我做了一个噩梦，梦见你死了，我一哭哭了个没气……”妻子抿着嘴笑，父亲笑得扭过脸去，连母亲也忍不住笑了。只有我笑不起来，甚感惊讶。回想我刚到家那天，母亲悄悄问我的那句话：“她也舍得烧一顿肉让你吃吗?”一刹时我若醍醐灌顶，恍然大悟。母亲在我去上大学的那些漫长的日子里，她该会如何的牵挂和思念她的儿子呀！她知道她的儿子是个心浮气躁的人，这自然又给她添了一份担心。母亲生在农村，长在农村，出嫁了还在农村。方圆三十里路困住了她的脚步。在我上大学之前，母亲只进过一次县城。以母亲对外部世界的有限的认识，她不知道她儿子去上学的这个地方究竟有多大，是非多不多。日思夜想，坐卧难宁，思念伴着惊恐默默地郁结在她的心里。于是某一夜，噩梦就扇动着黑色的翅膀朝她飞来了。试想一个连媳妇舍不舍得让她的儿子吃一顿肉菜都挂念着的母亲，这样的母亲，活得该有多累呀！

尽管我是个微不足道的人，然而在母亲的眼里是金贵的。她最了解她的儿子，她知道她的儿子有一颗易于动情的心，怕儿子分心，不让我牵挂她，才总是淡淡的。要硬下这样的心肠，忍受这样痛苦的折磨，需要多么坚韧！

——这是平静水面下深处的激流啊！

智慧链接

世上的爱有千万种，只有母亲的爱是最真挚、最绵长的。“慈母手中线，游子身上衣。”一针一线缝进了多少牵挂啊！这一针一线接起来，恐怕要贯穿游子的整个人生吧！

我想，在外面闯荡的人之所以能获得成功，最重要的一条，可能就是有母爱的强大支撑。试想，无论是遇到多大的困难，只要背后有一双慈祥的、希冀的母亲的目光，那该产生多大的动力啊！

人啊，和这个世界交往的过程，就是鞋底和地球摩擦的过程。履痕，就是人生的轨迹。

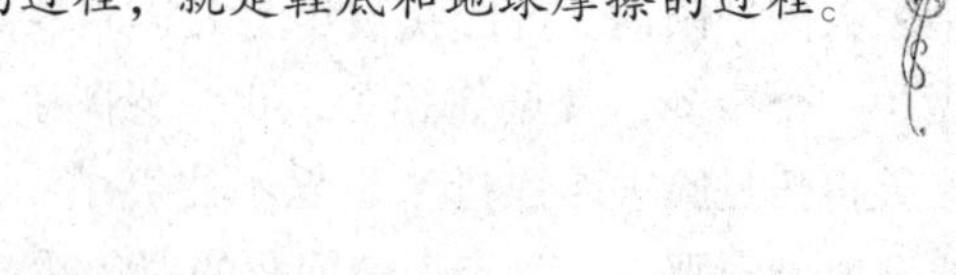

履痕

□雷抒雁

坐在妈妈身边，和老人家闲聊时，有一次，她望着我的脚说：“唉，怎么会这么大。那时，才这么点点，一寸多长，粉红粉红的，肥嘟嘟的，真叫人爱。我就用一块手帕剪开，缝了一双软鞋，套在你脚上。”

妈妈说的“那时”，其实，是五十多年以前，可你听听那口气，似乎就是在昨天。那一双用手帕做的鞋子，我当然是没法记住了。但是，后来当我的儿子出生时，老人仍做了一双。只是，这时的孩子已不同于先前，未“落草”前一切都准备停当了，手帕软鞋也就没有穿过。

我记得穿鞋，已是遍地乱跑的年岁了。印象最深的是一双老虎鞋，黑布面的，红布贴了那嘴巴、那鼻子、那眼睛，又用黄线一针针缭上。嘴边还有黄线绷的虎须，嘴里亦有白布卷的虎牙。远远一看，活灵灵一个虎仔。我爱穿那鞋，每有邻人来逗玩，总会翘起虎鞋说：“咬！咬！”邻人便故意装出怕了的样子，双手捂着脸，连说：“好害怕呀！”然后，一通笑闹，当了序幕，正戏便是大家乐呵呵围在一起说些家长里短。

虎头鞋穿完，我的幼儿时期也就结束了。直到上小学、上中学，都是妈妈做鞋。我上小学，每天来去要走四五里地；上初中，到了一座远在20里开外的镇子去。周六下午跑20里地回家，周日下午又跑20里地上学。那时交通不便，来去都靠双腿。少年时代，最费的便是鞋，差不多两个月就得穿破一双。

妈妈说：“吃鞋一般，坏得这么快。”记忆中，妈妈手中总是拿着一双鞋底在纳。有时，半夜睁开眼，一看，妈妈还在油灯下一针针纳鞋。麻绳在摇曳的灯光下一闪一闪，随着鞋针，在鞋底两面穿来穿去，发出嗤嗤的声响。每纳三四道，妈妈就要在头发上擦一下针。那时，我暗暗下了决心，要好好读书，将来挣钱买鞋，不让妈妈总点灯熬夜地受累。妈妈却常说：“儿啊，快长大，挣钱不挣钱事小，娶个媳妇给你做鞋，替替妈也好。”所以，我打小就知道，娶媳妇干啥？做鞋！

妈妈不用量我的脚，做的鞋总合脚，走路不央不挤，不伤脚。我至今脚上没鸡眼，没脚垫。当兵时，日行一百，夜行八十，一双脚不疼不酸，都得感谢妈妈做的鞋。

穿妈妈做的最后一双鞋，是大学二年级了。妈妈做了一双“冲福尼”面的新布鞋，到学校来送给我，硬要我当着同学们的面穿上试一试。我穿上走了几步，挺好。同学们都哈哈笑起来。我至今也没明白他们为什么要笑。妈妈看我的同学，有穿皮鞋的，有穿运动鞋的，一个个洋气得很。大约从那次之后，她手头再紧都要给钱让我买鞋穿。

一眨眼，几十年过去了，我老了，妈妈更不用说。有次我说：“妈妈，再做一双布鞋给我穿。”老人盯了我半晌说：“你是说胡话吧！眼看不见针，手拉不动线。做鞋可是力气活儿呀！年轻时，不在乎。那时，夜夜做鞋供你们父子穿，为拉动线绳子，这手掌上勒下深深的槽，几十年都没长平。”

有时，我想，要是能把一个人打小到老穿旧的鞋子收集在一起，那该多有意思。不同尺寸，不同样式的鞋，真真切切记着人一生的历史。正是穿了这些鞋，你一步一步走了过来。一双鞋，就是一段有头有尾的故事，就是一段有血有肉的记忆，其间渗透着动人心魄的情感。人啊，和这个世界交往的过程，就是鞋底和地球摩擦的过程。履痕，就是人生的轨迹。

智慧链接

人生之路，是脚一步一步走出来的，而我们走的每一步都透着母亲的心血和汗水。从小到老，这履痕都浸润着浓浓的母爱，传递着无价的亲情，伴随我们走过泥泞和坎坷，走过风雨和四季。

母亲，是我们人生之路上的支撑和脊梁。

人们对爱的向往要远远大于财富。

有爱的人生

□程绍德

有一个老人，临终前把家里的土地和财产平均分给了两个儿子。老人过世后，小儿子想：“我独自一人日子容易打发，可哥哥拉家带口的，生活会比较艰难，我应该把自己的那一份，再分一半给哥哥才对。”他怕哥哥不肯接受，趁着夜黑风高，把自己分得的苹果和玉米，搬一半偷偷送到了哥哥的仓库里。

住在另一边的大儿子心里也想：“我已成家立业，只要一家人齐心协力，生活不会成问题，可弟弟是孤身一人，应当为他以后的日子多作打算。”怕弟弟不肯接受，于是也趁着星月无光，将自己的苹果和玉米搬一半偷偷送到弟弟的仓库里。

第二天早上，当他们走到仓库的时候，都吓了一跳，苹果和玉米丝毫未减，两兄弟都以为自己做了一个非常真实的梦。

晚上，两兄弟再一次搬苹果和玉米到对方仓库时，竟然相遇了。兄弟俩同时扔下手中的东西，紧紧地抱在一起痛哭起来。他们决定不分家，共同经营父母留下的土地。

这是一个在以色列民间广为流传的故事，这两个兄弟抱在一起哭泣的地方，后来成为耶路撒冷的圣地，也成为后人朝圣的地方。

原来，人们对爱的向往要远远大于财富。

其实，每个人来到这个世界上并不是单单为自己活着，人与人之间只有互相关心、互相给予，爱与真情才会释放出绵绵不断的能量，才会焕发出勃勃的生机。

有爱的人生是丰盈的，每一分每一秒，我们都可以在生命中感受到生活的幸福和美好。

智慧链接

弟弟怕哥哥家人多过不好，哥哥怕弟弟孤身不好过，所以都决定把自己的财产趁黑夜悄悄地分一半给对方。这样的故事，无论什么时候读了都令人感动，两兄弟终于决定不分家，携手同心共同生活。他们无私的爱，感动了对方，也感动了后人，致使两人抱头痛哭的地方，成为人们朝圣的圣地。

为了让父母多一份安全和从容，多拨一遍电话号码，这是一件再琐碎不过的事。可是这件事就是这样的爱的针法。

爱的针法

□乔　叶

一次，在一位朋友家小坐。发现他给父母打电话的时候拨了两遍号码。第一遍拨过之后，铃响三声就挂断，再拨第二遍，然后通话。

“第一遍占线吗？”我随意问。

“没有。”

“是没想好说什么？”

“不是”。

“那干吗拨两遍号？”

他笑了笑：“你不知道，我爸爸妈妈都是接电话非常急的人，只要听见铃响，就会跑着去接。有一次，妈妈为接电话还让桌腿把小脚趾绊了一下，肿了很长时间。从那时起，我就和二老约定，接电话不准跑。我先拨一遍，给他们预备的时间。”

我的心忽然觉得十分湿润。平日都常说如何如何孝敬父母，这个小小的细节，不是对父母最生动的疼惜吗？

为了让父母多一份安全和从容，多拨一遍电话号码，这是一件再琐碎不过的事。可是这件事就是这样的爱的针法。

智慧链接

“爱”是一件大衣衫，衣衫要讲究式样、色彩、面料，还要符合时代的潮流。但是，对于穿衣服的人来说，更需要这样细密而熨帖的针法，才能让这件衣衫变得真正温暖舒适起来啊！

“一磅亲情”面包店，成了布里奇诺斯小镇除秀丽山水之外，一个非常响亮和温馨的品牌。

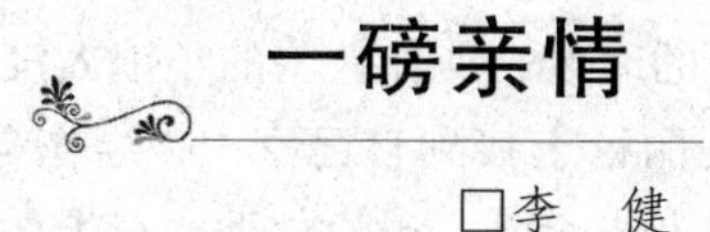

一磅亲情

□李　健

在英国的什罗普郡，有一个名叫布里奇诺斯的僻静小镇。那是一个自然环境非常优雅，人与人之间友好相处的美丽的小地方。二战时期，希特勒曾经秘密计划入侵英国后，在这个小镇上建立纳粹总部。但当纳粹空军被英国空军击败后，希特勒改变了主意，因而布里奇诺斯镇幸免战争的炮火，至今仍然是人见人爱的天堂。

在这个小小的天堂里，有一个名叫“一磅亲情”的面包屋。它的主人，是一个 78 岁高龄慈眉善目的老太太，无论大人还是顽童，都亲热地叫她丽蓓卡。这是个非常著名的小店，可以说镇子上无人不知，而且数十年来，人们一直在口口相诵着一个关于丽蓓卡的故事。到那里去旅游的人，除了观赏堪称绝版的自然风光之外，都会到丽蓓卡的面包屋小坐，听正在那里休闲的人讲述丽蓓卡年轻时的故事，和“一磅亲情”面包屋的来历。

丽蓓卡幼时是个聪明美丽的小女孩，从小就跟外婆住在布里奇诺斯镇。因为她的爸爸是英国皇家空军飞行员，妈妈是随军护士，没有时间照料她。即使是爸爸妈妈不在身边，她仍然和镇子上许多同龄人一样，在外婆温暖的怀抱里，度过了无忧无虑、天真无邪的童年。爸爸妈妈偶尔回乡探亲的日子，更是丽蓓卡盛大的节日。

但丽蓓卡的幸福时光随着童年的结束而结束了。1936 年前后，由于西方大国强行推行绥靖政策，法西斯的侵略气焰开始嚣张，即使是在这个偏僻的小镇，即使丽蓓卡还只有 12 岁，但从人们惊恐的眼神和爸爸妈妈来信的口吻中，丽蓓卡小小的心灵也敏感到了什么。1939 年 9 月 1 日，德军侵入波兰，第二次世界大战全面爆发。丽蓓卡的父母和其他英国军人一样，走上战场与法西斯作战。在她14岁那年，即1941年，英国皇家空军在肯德郡附近与德国空军展开激烈交火，并将德军击败。在举国上下欢庆胜利时，丽蓓卡却得到了父母在战场上双双牺牲的不幸消息。不久，年迈的外婆也因女儿女婿的牺牲而心脏病复发离开人世，丽蓓卡成了孤儿。

三个亲人的去世，给丽蓓卡年幼的心灵造成了巨大的打击，也给她的生存造成了困难。何况战争的阴云仍在扩展，小镇也开始兵荒马乱，缺衣少食。就在她深感绝望的时候，纯朴敦厚的小镇人没有弃这个英雄的女儿于不顾，他们自发地把丽蓓卡接到自己家中，当作自己的女儿一样抚养，并且由镇上德高望重的老人牵头，讨论救助丽蓓卡的事宜。最后，他们决定，全镇所有人家，每天轮流给丽蓓卡提供一磅面包，并凑钱供她上学，即便自家的孩子饿着肚子，上不起学，也要保证丽蓓卡的粮食，保证她的教育。

就这样，丽蓓卡在全镇人的热心帮助和悉心照料下，度过了一生中最难熬的岁月。她穿着和其他孩子一样的衣服，和他们一起上学，吃着比他们更精细的面包，接受着比他们更多的亲情，慢慢地，她心灵上的创伤被抚平了。二战结束后，丽蓓卡在众人的帮助下，考上了英国皇家的一所大学。

毕业后，丽蓓卡出人意料地放弃了前途一片光明的专业，放弃在伦敦工作的机会，她说她终生都不会忘记故乡布里奇诺斯镇，不会忘记那些善良的人们给她的那“一磅亲情”。她回到了小镇，并用政府发给她的抚恤金，在镇子上创办了一个面包屋，名字就叫“一磅亲情”，用以纪念小镇人对她无微不至的照料，同时，更重要的是，接济那些生活有困难的人。

丽蓓卡的面包屋门一直敞开着，柜台上永远摆放着新鲜出炉的面包和其他小吃，丽蓓卡也总是在微笑着烘烤面包。小镇上的人以及路过的客人，可以随时到她的店里喝咖啡、聊天、休闲，饿了，自己去柜台上拿东西吃。吃完了，有钱就随便丢点儿，没钱就可以拍拍屁股走人。数十年来，丽蓓卡的“一磅亲情”面包屋，接济了无数生活上有困难的人，还供10多个孤儿穿衣吃饭和上学。

现在，丽蓓卡虽然老了，但她的“一磅亲情”面包屋却后继有人，因为她收养的一个孤儿正帮她照顾着面包屋，并准备在丽蓓卡过世后，当面包屋新的主人。“一磅亲情”面包店，成了布里奇诺斯小镇除秀丽山水之外，一个非常响亮和温馨的品牌。

亲情永远是抚平心灵伤痛的良药，“一磅亲情”面包屋像一根亲情接力棒一样，通过友谊与亲爱之手传递下去，它能使每一个需要亲情的人得到温暖。

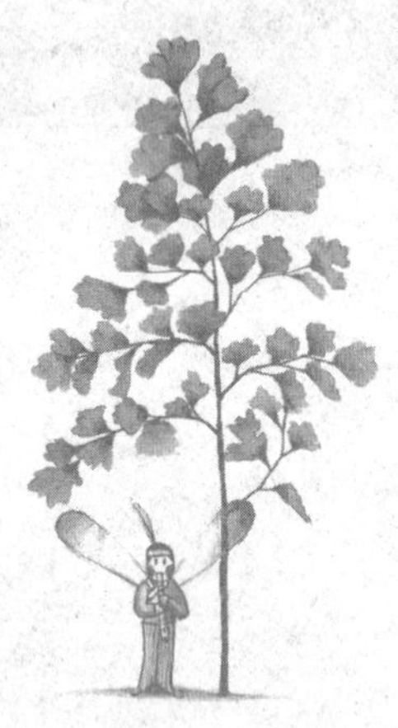

朋友一生一齐走

友谊在我过去的生活里就像一盏明灯，照彻了我的灵魂，使我的生存有了一点点光彩。

——〔中〕巴 金

世界最美好的东西，莫过于有几个头脑和心地都很正直的严正朋友。

——〔德〕爱因斯坦

在你生死攸关的时刻，那个能与你肝胆相照，甚至不惜割舍自己亲生骨肉来搭救你的人，可以称作你的一个朋友。

一个半朋友

□宋天天

我爷爷给我讲过一个这样的故事：

从前有一个仗义的、广交天下豪杰的武夫。他临终前对他儿子说：“别看我自小在江湖闯荡，结交的人如过江之鲫，其实我这一生就交了一个半朋友”。

儿子纳闷不已。他的父亲就贴近他的耳朵交代一番，然后对他说：“你按我说的去见见我的这一个半朋友，朋友的意义你自然就会懂得。”

儿子先去了他父亲认定的“一个朋友”那里。对他说：“我是某某的儿子，现在正被朝廷追杀，情急之下投身你处，希望予以搭救!”这人一听，不假思索，赶忙叫来自己的儿子，喝令儿子速速将衣服换下，穿在了眼前这个并不相识的“朝廷要犯”的身上，而自己儿子却穿上了“朝廷要犯”的衣服。

儿子明白了：在你生死攸关的时刻，那个能与你肝胆相照，甚至不惜割舍自己亲生骨肉来搭救你的人，可以称做你的一个朋友。

儿子又去了他父亲说的“半个朋友”那里。抱拳施礼把同样的话诉说了一遍。这“半个朋友”听了，对眼前这个求救的“朝廷要犯”说：“孩子，这等大事我可救不了你，我这里给你足够的盘缠，你远走高飞快快逃命，我保证不会告发你……”

儿子明白了：在你患难的时刻，那个能够明哲保身、不落井下石加害你的人，也可称作你的半个朋友。

本文通过两个实例，生动形象地揭示了朋友的真谛。一个朋友就是在你生死攸关的时刻，与你肝胆相照，甚至不惜割舍自己亲生骨肉来搭救你的人。而那半个朋友则是在你患难的时刻，能够明哲保身、不落井下石加害你的人。

朋友是一部永远读不完的书，让我们用一生的时间去细细品味吧！

能与你们作同学，是我今生最快乐的事。

因为有你

□红高粱

在高三的毕业晚会上，我担任晚会的主持。晚会上，我们出了一个很浪漫和诗意的节目，每个同学都在纸条上写下自己最喜欢的一个同学的名字，并写出喜欢他的理由。当然是不用署名的，否则会让彼此感觉尴尬，然后由我当众宣读。这个提议让大家格外兴奋，这也许是最后一个说出埋藏在心底秘密的机会了。同时，大家也很想知道，自己是否也被人悄悄地关注并喜欢着。我看到，在五彩的灯光下，同学们的脸上都洋溢着青春的激情和焦灼的期待。很快地，纸条便收集到了我手中，当我开始读出它们时，全场顿时沉静下来，大家的眼睛都紧盯着我，眼里写满了紧张与不安。随着我念出那些名字和那些与之有关的温情脉脉的文字，全场人的目光便都会聚焦到被念到名字的同学身上。而那个幸运的同学，则会略带羞涩地，不自然地微笑着，有点不知所措，但我们都可以看到，他脸上掩饰不住的骄傲和喜悦。随着纸条一张张念下去，教室里荡漾起一种温馨又明媚的气息。

在我即将念完最后几张纸条时，我发现，几乎班上所有同学的名字都被提及了，但没有我的同桌——那个模样平常、学习平平、性格孤僻的女孩——程雯的名字，她这样的女孩子，是很容易被人忽略和淡忘的。此时，我看见她正把头埋得低低的，或许这个节目使她感到非常难堪。我突然涌起一种怜惜的感觉，就在那一刻，我作出了一个决定，我要帮帮她！我拿出一张纸条——上面当然不是程雯的名字，但我却一本正经地念出了程雯的名字，并编了一个关于喜欢她的理由——我喜欢程雯，也许，你不知道你的美，其实，你沉默和文静的样子，是女孩子另一种味道的美。这非常出乎大家的意料，大家的目光一下子就转移到了程雯的身上，程雯更是没想到我会念出她的名字，她慌张地抬起头，惊讶地望着我，像是在问，这是真的吗？我微笑着向她点点头。我的可爱的同学们，居然一起为她鼓起了掌，掌声真挚而深情。在这突如其来的幸福面前，程雯脸色绯红，眼里闪烁着泪花，手足无措。

从那以后，程雯像换了个人似的，在高三最后的几天里，她终于第一次和那些漂亮的女生肩并肩，有说有笑地走在一起了，她也开始和男生大大方方地交谈，教室里第一次有了她明朗的笑声。

在同学们的毕业留言簿上，程雯为每一个同学都写下一句相同的话：能与你们作同学，是我今生最快乐的事。在我们最后告别校园时，程雯在那群流泪的女生中，哭得最凶。

智慧链接

赞赏是管理学中经常谈及的一门艺术和学问，赞赏的力量是无穷的。学会真诚地赞赏别人是人际交往中一个重要的沟通技巧，看似简单朴实的话，它会令人感受到一种激励、一种光荣和幸福。一句真挚的赞美之词像甘露一样滋润着人的心田，使人感到了温暖，看到了光明。让我们心中充满爱，多发出一些赞美之声吧！

可是反过来想想，你吃的葡萄是越来越酸，直到最后吃不下去了，心情就越来越糟。而我吃的葡萄越来越甜，心情也会越来越好的。

吃葡萄

□邵　健

张三和李四两个人爱吃葡萄。吃着吃着，张三就发现了一个有趣的现象，饶有兴趣地对李四说："我们俩性格相差很大呀。"

李四不明白："何以见得呢？"

张三指着面前的葡萄说："以吃葡萄的方式上能看出来：每次我都摘最大的吃。而你，每次都摘最小的吃。"

李四瞅瞅桌上，果然，张三吃的时候，都是拣最大的吃。而李四，都是拣最小的吃。

李四说："这叫个性。"

张三说："瞧我，每次吃的都是最好的一颗。而你，每次都是吃最差的一颗。看来，你不是懂得享受生活啊。"

李四笑了："是吗？我看真正不懂得享受生活的是你。不错，每次你吃到的都是最好的一颗，可是反过来想想，你吃的葡萄是越来越酸，直到最后吃不下去了，心情就越来越糟。而我吃的葡萄越来越甜，心情也会越来越好的。"

张三说："你说的是分吃葡萄的情景。假如我们合吃葡萄，我不就占尽便宜了？"

李四笑着叹了口气说："这样更显出你的可悲啊，有了一次，谁还会跟你合吃葡萄呢？你整天抱怨自己缺少朋友，却不知道这正是最根本的原因！"

朋友之间是靠真心相处的，要想得到诚挚的友谊，一定要多多注意自己怎样做人。友谊之花需要用心灵去浇灌，去呵护。如果把交朋友看作是利益的驱使，总想从朋友身上捞到好处，那么，友谊永远都不属于你。

生活中的许多事，需要抛开私念，用一颗博大的心去体会。

“谢谢你的好意，不过，现在我什么也不缺少。我当时就有了一件比狐皮袄还宝贵十倍的棉袄。”

三个朋友

□佚　名

有三个朋友，他们从小就在一块儿，都是挺要好的。长大后都分手到外地去工作了。其中有一个朋友，在一个寒冷的冬天里，生活上碰到了困难，他迫切需要一件棉衣。那两个朋友知道了，一个尽快地把自己身上的一件旧棉袄先寄去。还有一个朋友只寄去一封信，说了一大堆好听的话。

后来，这个需要棉衣的朋友生活变好了，什么都不缺少了。他请来了那两个朋友，到家里做客。当时没有送棉袄的朋友，这回带来了一件崭新的狐皮袄，那个原来需要棉袄的朋友说：“谢谢你的好意，不过，现在我什么也不缺少。我当时就有了一件比狐皮袄还宝贵十倍的棉袄。”说完，他拿出那件旧棉袄给这个朋友看。

智慧链接

文章告诉我们：危难之中伸出援手的人才是真正的、让人一辈子难以忘怀的朋友。

人不能孤独地活着，因为一个人太寂寞，力量太单薄，无法成就事业，所以，我们需要朋友的关心和帮助。真正的朋友之间的交往是雪中送炭，而不是锦上添花。

是那所谓的好学生的头衔，是那一条无形的分数线让我丢掉了那份珍贵的友情。

曾经的友谊

□阙冰雪

我的心里有一份曾经的友谊，虽然已经不能再延续，但它依然是我心中最珍贵的一笔财富。

记得那是在小学一年级，我和一个梳着羊角辫的女孩同桌，她叫阳。那时的生活总是无忧无虑，调皮的阳总能将枯燥的校园生活轻易变成游戏的天堂，什么捉迷藏、跳皮筋、打弹球，她样样在行，就连一块小小的橡皮，都能玩出十几种花样。

对我来讲，那时的功课简单得不值一提，每次考试我总能轻轻松松地拿几门满分。但阳似乎有点力不从心，每次的分数还不及我的一半。于是，每次我俩上课私下说话被数落的是阳，下课游戏时玩出了格被罚站的也是她，我却可以经常被“赦免’。

一天放学，老师把我叫到办公室，严肃地对我说：“你是名好学生，就要和好学生做朋友。和阳在一起，只会把你带坏。”我震惊了，走出办公室的那一刻我才猛然“醒悟”：我是个成绩优秀的好学生，阳是个差生。于是，生平第一次我没有理睬阳，任凭她在身后怎样喊我的名字，我却不屑一顾地独自一人回家了。

渐渐地，我发现阳身上竟有许多小毛病：经常是脸都没洗就来上学，辫子歪歪扭扭的不说，衣服也脏乎乎的一身褶儿，怎么看都不像一个好学生。于是，我开始对她下意识地疏远，而她却浑然不知，依旧嘻嘻哈哈地凑过来，在得到我冰冷的、近乎无情的拒绝后，只好怏怏地默默走开。

转眼到了六年级，我和阳俨然已经成了陌生人。我是老师眼中的宠儿，同学的榜样。而阳不仅成绩越来越差，似乎品行也受到了大家的质疑。毕业前的一天，我从传达室意外地收到了一封信，竟然是阳。“从认识你的那一天起，我就把你当成我最好的朋友。你不像其他人那样讨厌我，嫌我成绩不好。和你做朋友的日子是我一生中最快乐的时光。但是，一条无形的分数线却活生生地挡在了两个好朋友的中间，我真的很失望。我就要去美国了，虽然没有机会和你说再见，但是我还要告诉你：谢谢你，我会永远记住那段美好的日子。”

信纸上早已一片湿润，不管我有多后悔，阳已经带着那份永远都无法弥补的遗憾离开了我。是那所谓的好学生的头衔，是那一条无形的分数线让我丢掉了那份珍贵的友情。现在我只能在心底默默地祝福那大洋彼岸的朋友。

智慧链接

老师的一句话和自己的虚荣心，将一份纯真的友谊变成过去时。

此刻坐在考场里还有种昏昏欲睡的感觉，但我一定会振作精神，争取发挥最佳水平。

握住我的手

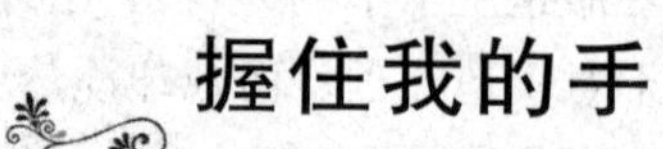

□佚 名

灯灭了，宿舍里一片寂静，静得可以听到室友们的呼吸声。

今天是一个不寻常的夜晚，因为明天我们将展开一场“不流血的战争”，寒窗苦读了十二年，也许只为了高考这一仗能一炮打响。今晚，我没有任何压力，我让自己的思绪驰骋在广阔的草原上，一只美丽的蝴蝶停在我的胸前，好漂亮……渐渐地我进入了甜蜜的梦乡。

突然床猛地震动了两下，随即传来室友的呕吐声，我一下子从睡梦中惊醒。只见她蜷缩在床头，不停地颤抖，呼吸急促，嘴里不停地说：“怕，我怕……”

我飞快地从上铺下来，给她倒了水，递过去一条湿毛巾。就在我递过去的瞬间，她一把抓住了我的手，话没来得及说，又拼命地吐了起来。茫然不知所措的我只能轻轻地拍着她的背，安慰她：“不要紧张！每个人都要过这一关的，勇敢点儿！”

“你，你不要走，陪我睡！我怕……”

我愣住了。因为我很了解自己的癖性——一旦跟别人挤一张床肯定是睡不着的。明天是高考的日子，休息不好一定会影响发挥。怎么办……我的心怦怦直跳。夜真的很深了，我也真的困了。于是，我轻轻地拍了一下她的肩膀：“早点儿睡吧，一定能考好的。”就在我刚触到床铺时，她又吐了，这一次比以前更厉害了，借着走廊里微弱的灯光，我看到她熬白的脸上写满了恐惧与不安，她的呼吸更加急促了，眼里只有无助、失望，却没有泪水。

我的心像被割了一道口子，很疼。我知道我不能再那么自私了！同窗三年，今天也许才算是患难见真情。我紧紧地握住了她的手，我要让她感受到有一股强大的力量在支撑她，有一颗炽热的心在温暖她。我有生以来第一次，第一次感到自己是在给予别人生的希望和勇气。她蜷缩在我怀里，用她的双手紧紧地握着我的手。真的，那一刻我感受到一股不可遏制的力量正从我的体内注入她的心房。她的呼吸渐渐趋于平缓，她的身子不再抽搐……也许她已进入了梦乡……

这一夜我真的彻底未眠。

此刻坐在考场里还有种昏昏欲睡的感觉。但我一定会振作精神，争取发挥最佳水平。同时，我也真诚地祝福室友勇敢地面对一切挑战，做一个真正的强者！

我无悔我的选择。

智慧链接

寒窗苦读了十二年，当千军万马共挤那座独木桥时，大家看到的不光是压力，其实还有悲哀！

室友因为紧张而呕吐不止，她那颤抖的双手告诉“我”她的失望、无助和恐惧。我恍然大悟：其实我们都很脆弱，我们的心灵需要慰藉和体恤。所以，当别人需要帮助时，请尽量的给予吧！你给予越多，拥有的快乐也就越多。

说实话，我整个晚上没说几句话。

倾　听

□杨淑帆

韦恩是罗宾见到的最受欢迎的人士之一。他总能受到邀请。经常有人请他参加聚会、共进午餐、担任基瓦尼斯国际或扶轮国际的客座发言人、打高尔夫球或网球。

一天晚上，罗宾碰巧到一个朋友家参加一次小型社交活动。他发现韦恩和一个漂亮女孩坐在一个角落里。出于好奇，罗宾远远地注意了一段时间。罗宾发现那位年轻女士一直在说，而韦恩好像一句话也没说。他只是有时笑一笑，点一点头，仅此而已。几小时后，他们起身，谢过男女主人，走了。

第二天，罗宾见到韦恩时禁不住问道“昨天晚上我在斯旺森家看见你和最迷人的女孩在一起。她好像完全被你吸引住了。你怎么抓住她的注意力的?”

“很简单。”韦恩说，“斯旺森太太把乔安介绍给我，我只对她说：你的皮肤晒得真漂亮，在冬季也这么漂亮，是怎么做的？你去哪呢？阿卡普尔科还是夏威夷?’

“‘夏威夷。’她说，‘夏威夷永远都风景如画。’

“‘你能把一切都告诉我吗?’我说。

“‘当然。’她回答。我们就找了个安静的角落，接下去的两个小时她一直在谈夏威夷。

“今天早晨乔安打电话给我，说她很喜欢我陪她。她说很想再见到我，因为我是最有意思的谈伴。但说实话，我整个晚上没说几句话。”

智慧链接

如果想要对方欢迎你，你最好是先别夸自己，而要让对方谈他的兴趣与爱好，以及他的人生这样你走到哪里也会受到欢迎。

人生若是没有相互交流和相互欣赏，即使给你天堂，也注定找不到快乐、自由的感觉，更不要说幸福了。

天堂是个更大的笼子

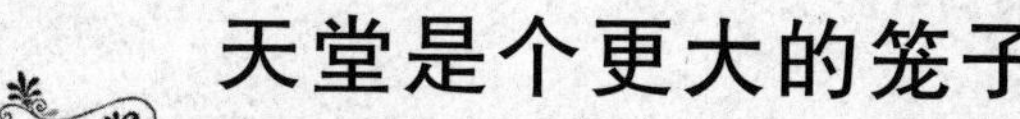

□赵海峰

上帝问一只被囚在笼中的画眉："你愿意到天堂吗？"

"为什么呢？"

"天堂宽敞明亮，不愁吃喝。"

"可我现在也很好啊。我吃喝拉撒全由主人包办，风不吹头雨不打脸，还天天都能听主人说话唱歌。""可是你自由吗？"画眉沉默了。

于是，上帝以胜利者的姿态把画眉带到了天堂。他把画眉安置在翡翠宫里住下，便忙着处理各种事务去了。

一年后，上帝突然想起了画眉，便去翡翠宫看它，他问画眉："啊，我的孩子，你过得还好吗？"

画眉答道："感谢上帝，我活得还好。"

"那么，你能谈谈在天堂里生活的感受吗？"上帝真诚地说。

画眉长叹一声，说："唉，这里什么都好，只是这笼子太大了，怎么飞也飞不到边。"

看来，人生若是没有相互交流和相互欣赏，即使给你天堂，也注定找不到快乐、自由的感觉，更不要说幸福了。

智慧链接

人是有思想，会说话的高级动物。在日常的生活和工作中，每个人都渴望被理解、被欣赏，每个人都渴望敞开心灵和别人交往。懂得欣赏他人也被别人欣赏，那么你就会懂得快乐和幸福的真谛，就不会有关在笼子里的画眉的感觉了。

如果她是个老师，我想今天上她课的人一定如沐春风。

多一句赞美声

□雅特·鲍奇华

几天前，我和一位朋友在纽约搭计程车，下车时，朋友对司机说："谢谢，搭你的车十分舒适。"这司机听了愣了一愣，然后说："你是混黑道的吗?"

"不，司机先生，我不是在寻你开心，我很佩服你在交通混乱时还能沉住气。"

"是呀!"司机说完，便驾车离开了。

"你为什么会这么说?"我不解地问。

"我想让纽约多点人情味，"朋友答道，"唯有这样，我们的城市才有救。"

"靠你一个人的力量怎能办得到?"

"我只是起带头作用。我相信一句小小的赞美能让那位司机整日心情愉快，如果他今天载了20位乘客，他就会对这20位乘客态度和善，而这些乘客受司机的感染，也会对周围的人和颜悦色。这样算来，我的好意可间接传达给 1000 多人，不错吧？”

“但你怎能寄望计程车司机会照你的想法做呢？”

“我并没有寄望他，”朋友回答：“我知道这种作法是可遇不可求，所以我尽量多对人和气，多赞美他人，即使一天的成功率只有 30%，但仍可连带影响到 3000 人之多。”

“我承认这套理论很中听，但能有几分实际效果呢？”

“就算没效果我也毫无损失呀！开口称赞那司机花不了我几秒钟，他也不会少收几块小费。如果那人无动于衷，那也无妨。明天我还可以去称赞另一个计程车司机呀！”

“我看你脑袋有点天真病了。”

“从这就可看出你越来越冷漠了，我曾调查过邮局的员工，他们最感沮丧的除了薪水微薄外，就是欠缺别人对他们工作的肯定。”

“但他们的服务真差劲呀！”

“那是因为他们觉得没人在意他们的服务品质。我们为何不多给他们一些鼓励呢？”

我们边走边聊，途经一个建筑工地，有 5 个工人正在一旁吃午餐。我朋友停下了脚步，“这栋大楼盖得真好，你们的工作一定很危险很辛苦吧？”那群工人带着狐疑的眼光望着我朋友。

“工程何时完工？”我朋友继续问道。

“6 月。”一个工人低应了一声。

“这么出色的成绩，你们一定很引以为荣。”

离开工地后，我对他说：“你这种人也可列入濒临绝种动物了。”

“这些人也许会因我这一句话而更起劲地工作，这对所有的人何尝不是一件好事呢？”

“但光靠你一个人有什么用呢？你不过是一个小民吧。”

“我常告诉自己千万不能泄气，让这个社会更有情原来就不是简单的事，我能影响一个就一个，能两个就两个……”

“刚才走过的女子姿色平庸，你还对她笑？”我插嘴问道。

“是呀！我知道，”他答道，“如果她是个老师，我想今天上她课的人一定如沐春风。”

智慧链接

皮格马利翁效应告诉我们：你的赞美关爱会有意想不到的回报的。捧出你的赞美吧，它可以解矛盾于须臾，化干戈为玉帛；它是人际交往的黏合剂，是驱除心中的阴霾、消除郁闷的良药；它是沟通感情的桥梁，是让人振作的兴奋剂；它是生活给予勤奋者最宝贵的馈赠。朋友，你何乐而不为呢？

我的计划充其量是一粒树种，要长成参天大树还须有土壤、水分、空气和阳光。只有总统才有这样的条件，把树种变成大树。公平地说，我只不过把种子移到了总统心中。

把“版权”让给总统

□佚　名

美国第28任总统伍德罗·威尔逊做总统的时候，在他鞍前马后工作的众人都觉得他是“一扇老橡木做的门”，任何新鲜的意见都被毫不例外地拒之门外。但是，有一个人是独一无二的例外，这个人就是他的助理——豪斯。

豪斯的绝招是什么呢？

他自己说：有一次，他在总统办公室里被单独召见。他明知总统不容易接受别人的建议，但还是尽自己的所能，清楚明了地陈述了一种政治方案。因为他苦心研究过，自以为相当切实可行，所以说得理直气壮。然而他没有得到与其他同事不同的命运，威尔逊当即表示：“在我愿意听废话的时候，我会再次请你光临。”但是数天之后，在一次宴会上，豪斯很吃惊地听到他数天前对总统的建议，总统作为自己的见解公开发表！这件事，使豪斯大彻大悟，懂得了向总统贡献建议的最好办法：避免他人在场，悄悄把意见“移植”到总统的心中。开始，使总统不知不觉地感到兴趣；然后使计划可以作为总统自己的“天才构思”而公之于众；最后，使总统坚定不移地相信是他本人想出了这个好主意。换句话说，他不强调某某计划是豪斯的主意，他得自愿牺牲“版权”而把“版权”让给总统。这样，他的计划就会非常顺利地被总统采纳了。例如，1914 年春季，豪斯奉命赴法国做外交上的洽谈。出发前，威尔逊同意了豪斯的计划，但态度相当谨慎，计划到被正式批准还有相当遥远的距离。豪斯到巴黎后不久，寄回了他同法国外长的会谈记录。

在谈话中，豪斯把自己想出的、经总统谨慎同意的计划，说成是“总统的创见”，并热烈赞扬说这是“天才、勇气、先见之明”的表现。看了记录，威尔逊总统毫不犹豫地正式批准实施这个计划。计划的实施，给两国带来了巨大的利益。豪斯为自己实际发挥的作用由衷的高兴。同时，威尔逊总统也更加由衷的喜欢豪斯，对他更加器重。有一件事永远心照不宣：豪斯从来不表示某项计划是他想出来的。若干年后，豪斯说道：“我不愿意称那些计划是我的，但并非仅仅出于讨总统喜欢。我的计划充其量是一粒树种，要长成参天大树还须有土壤、水分、空气和阳光。只有总统才有这样的条件，把树种变成大树。公平地说，我只不过把种子移到了总统心中。”

智慧链接

能让某个人物采纳自己的建议，这需要一种高超的谈话艺术。弯曲，不是摇尾乞怜、妥协退让，它是在生命不堪重荷时的一种适度收缩，在遭遇人际障碍时的一种适时迂回。适时的迂回，便能绕开两败俱伤的争执，以游刃有余的方式，以退为进，伸缩自如，把人际的不快融于温情脉脉之中。这才是高超的谈话者。

平时趾高气扬的政治家出了一连串洋相，使记者大感意外，不知不觉中，原来的那种挑战情绪消失了，甚至对对方怀有一种亲近感。

记者与政治家

□郑　化

曾有一位记者去拜访一位政治家，目的是获得有关他的一些丑闻资料。然而，还来不及寒暄，这位政治家就对想质问的记者制止说："时间还长得很，我们可以慢慢谈。"记者对政治家这种从容不迫的态度大感意外。

不多时，仆人将咖啡端上桌来，这位政治家端起咖啡喝了一口，立即大嚷道："哦！好烫！"咖啡杯随之滚落在地。等仆人收拾好后，政治家又把香烟倒着插入嘴中，从过滤嘴处点火。这时记者赶忙提醒："先生，你将香烟拿倒了。"政治家听到这话之后，慌忙将香烟拿正，不料却将烟灰缸碰翻在地。

平时趾高气扬的政治家出了一连串洋相，使记者大感意外，不知不觉中，原来的那种挑战情绪消失了，甚至对对方怀有一种亲近感。

智慧链接

为人处世中，懂得示弱是人际交往中掌握主动权的"灵丹妙药"。

凡事量力而行，不要模仿别人，做那些根本不可能的事。

豺的下场

□雨　薇

从前在喜马拉雅山一个名叫冈金的山洞里，住着一头狮子。狮子的旁边住着一只豺，它们一向相安无事。

一天，狮子站在洞口，向四周张望了一下，然后大吼一声，便跑到山林里去觅食了。它捉住了一头水牛，美滋滋地饱餐了一顿，然后来到湖边，喝足了清清的湖水，高兴地往山洞走去。

豺碰巧也出来猎食，看到狮子那凶猛的样子，它决定臣服于狮子。于是它便一头跪在狮子的脚下。

狮子问："豺，这是怎么回事？"

"大王，我愿意为您效劳。"豺说。

"好，那就跟我一起走吧，我会让你吃最好的饭。"

狮子把豺领回自己的山洞，豺和狮子住了不多几天，便吃得又肥又胖了。

一天狮子卧在洞里，把豺叫到前面说："豺，你到山顶上去看看，山下游逛的野兽，无论是大象、野马还是水牛，你想吃它们中间谁的肉，就来告诉我，对我说：'主人，请你显示你的威力吧！'我就去捕获它，吃它的肉，也让你吃。"

豺听了狮子的话，就走到山顶上，站在那里观察，只要它想吃谁的肉，它就跑到冈金山洞，恭敬地伏在狮子脚下说："主人，请你显示你的威力吧。"狮子便会迅速地扑过去，把一头正发狂的大象或野牛扑倒，咬死，饱餐一顿又香又甜的象肉或野牛肉，同时也让豺分享一些剩肉。豺吃饱以后，便回洞里舒舒服服地睡大觉。

这样又过了许多日子。有一天，豺想：我也有四条腿，我干嘛要过这种寄人篱下的生活呢？我也可以去咬死大象一类的野兽，吃它们的肉呀，到那时，狮子也会像我对它说的那样对我说：“主人，请你显示你的威力吧。”

想到这里，豺就去对狮子说：“主人，我吃你捕杀的兽肉已经很多次了，现在我想亲自去捕杀一头大象吃吃。让我躺在冈金洞里，你去山顶上看看，山下要有大象在游逛的话，就来告诉我，说‘豺，请显示一下你的威力吧。’我希望你不要计较这样一点小事。”

狮子听了豺的话，说：“豺，你的力气捕杀不了一头大象，豺的家族里自古以来，还没有一个能杀死一头大象的，所以希望你还是放弃这个想法，仍然吃我捕杀的象肉吧。”

但是豺不听狮子的劝告，来到冈金山洞，像狮子一样卧着。

狮子发现山下有一头大象正在悠闲地游逛，便回到洞里，说：“豺，请显示一下你的威力吧。”

于是，豺从山洞里走出来，打了个呵欠，像狮子一样朝四下里张望了一下，然后大叫三声，朝大象扑过去。它本想袭击大象的头部，结果却撞在大象的腿上，跌倒在地。大象抬起右腿，朝豺的头上踩去。顷刻，豺的头被踩得粉碎。然后大象用蹄子把的尸体的碎块堆在一起，在上面拉了一堆屎，大摇大摆地回到树林去了。

凡事量力而行，不要模仿别人，做那些根本不可能的事。

智慧链接

不听规劝，盲目自信的豺最终被大象踩死了。这则故事告诉我们：凡事要量力而行，不要盲目地模仿别人，要对自己有一个正确的认识，企图去做那些超过自身能力的事，最终只会被碰得头破血流。

他拨拉着已是冷冰冰的那份早餐，胃口彻底倒了。

一顿早餐

□丁晓杭

“来两只嫩煮鸡蛋，一客家常油炸土豆条，一块乌饭浆果松饼，再加咖啡和鲜橘汁。艾德沃德吩咐卫生餐厅的侍者，慢跑后的他感到饥肠辘辘。

艾德沃德刚打开报纸，咖啡就端上来了。“请用咖啡，”侍者说。“不过，对不起。我们的立法当局坚持要我们提醒顾客，每天喝三杯以上的咖啡有可能增加得中风和膀胱癌的危险。虽然这是除去了咖啡因的，但食品和药物管理局仍要求我们说明，提取过程中或许还残留了微量的致癌可溶物。”这才给他的杯子斟上。

侍者端着他叫的早点回来时，艾德沃德差不多看完了第一版。

“您的鸡蛋，”侍者说，“如果不煮透，就可能含有沙门氏菌，会引起食物中毒。蛋黄中有大量的胆固醇，它有诱发动脉硬化和心脏病的主要潜在危险。美国心血管外科医生协会主张每星期至多只吃四个鸡蛋，吸烟者和身体超重十磅者尤应如此。”

艾德沃德的胃感到一阵不舒服。

“马铃薯，”侍者继续着，“皮上的青色斑块有可能含有一种叫龙葵的生物碱毒素，《内科医生参考手册》上说龙葵碱会引起呕吐、腹泻、恶心。不过放心，您用的土豆是仔细地去了皮的，我们的供应商还答应，如有不良后果，他们将承担一切责任。”

“但愿这‘不良后果’别降临到我头上。”艾德沃德想。

“松饼含有丰富的面粉、鸡蛋和黄油，还有乌饭浆果和低钠调味粉，唯独缺少纤维素。营养研究所警告说低纤维饮食会增加胃癌和肠癌的危险。饮食指导中心说面粉可能受到杀真菌剂和灭鼠剂的污染，可能含有微量的麦角素，它能引起幻觉、惊厥和动脉痉挛。”

顿时，艾德沃德觉得焦黄松脆的松饼诱人的香味变得十分可疑了。

“黄油是高胆固醇食品，卫生部忠告近亲患心脏病的人限制胆固醇和饱和脂肪的摄入量。我们的乌饭浆果来自缅因州，从未施过化肥和杀虫剂。但美国地质调查队有报告说许多缅因州的浆果长在花岗岩地区，而花岗岩常常含有放射性物质铀、镭和氡气。”

艾德沃德立刻想起了切尔诺贝利事故幸存者头发脱落的不雅观之状。

“最后，烘焙的麦粉中含有硫酸铝钠盐，研究者认为铝元素可能是早老性痴呆症的罪魁祸首。”侍者说罢便离去了，令人肃然起敬的营养咨询也许结束了。

侍者很快回来了，带着一只罐子。“我还记得说明，我们的鲜橘汁是早上六点前榨的，现在是8：30。食物和药品管理局与司法部正在指控一家餐馆，因为它把放了三四小时的橘汁说成是新榨的。在那个案子裁决前，我们的律师要求我们从每一个订了类似食品的顾客那儿弄一份放弃追究声明书。”

艾德沃德填写了他递过来的表格，侍者用回形针把它附在账单上。在艾德沃德伸手取杯子时，侍者又拦住了他。“还有一件事，”侍者说，“消费安全组织认定您使用的叉子太尖太锋利，必须小心使用。”

“好，祝您胃口好。”侍者终于走开了，艾德沃德也终于松了一口气。他拨拉着已是冷冰冰的那份早餐，胃口彻底倒了。哦！上帝！

智慧链接

热情的服务是必要的，但如果过于不厌其烦的服务或许会遭到不好的后果。

“能者多劳”，是对一个有才干的人的赞誉，却也是对他的一种悲悯。

盛誉之下

□张楚楚

日本作家川端康成自获诺贝尔奖之后，受盛名之累，常被官方、民间，包括电视广告商人等，拉着去做这做那。文人难免天真，不擅应酬，心慈面软，不会推托；做事又过于认真，不懂敷衍；于是陷入忙乱的俗事重围，不知如何解脱，终于自杀，了此一生。据报道，川端临终前，曾为筹措笔会经费而心力交瘁。心情十分低落，可能是促使他厌世自杀的原因之一，这当不是妄测之词。

固然，对一位作家来说，能获得诺贝尔奖，这口井已经算是凿得够深了。但如果他不被卷入使他烦倦不堪的琐事，而能依然宁静度岁，以他东方式的丰富晶莹的智慧，或可有更具哲理的创作留传于世。

湖滨散记的作者梭罗，为了要写一本书，而去森林中度过两年隐士生活。自己种豆和玉蜀黍为食，摆脱了一切剥夺他时间的琐事俗务，专心致志，去体验林间湖上的景色和他心灵所产生的共鸣。从中发现许多道理，而完成了这本名著。

常有人叹息生活忙乱，负担沉重。

当然，人生有许多推不开的负担，但是，在这些负担之中，有许多是不必要的。由于太贪多、太求全或太急切反而使自己顾此失彼。

许多人在除了自己分内该忙的事情外，更要忙些不该忙的。如忙应酬；忙为了增加物质享用或虚荣而去赚钱；忙着奔走钻营去求地位。对自己已经着手的工作易于失去兴趣，因而时常见异思迁。

“能者多劳”，是对一个有才干的人的赞誉，却也是对他的一种悲悯。

一个人一生的精力和时间都很有限，如果在有生之年，抓住机遇做自己感兴趣的事情，一定能获得成就。但不要为其这样或那样的诱惑中途改道，才能促成你事业的成功。

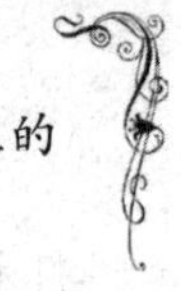

先喜欢他人，再问一些问题，看看是否你投射在别人身上的光芒，会百倍地反射回你的身上。

倾听别人的故事

□本·杰克

克雷格是我在研究生院的一位好友。他走到哪儿，就会给哪儿带来生气与活力。当你讲话时，他会全神贯注地倾听，让你感觉自他听你说话的那一刻起，你的身份就比以前更加重要了。人们都喜欢他。

一个阳光灿烂的秋日，我和克雷格坐在自习室的老地方。我向窗外望去，注意到我的一位教授正在穿过停车场。

"我可不想碰到他。"我说。

"为什么?"克雷格问。

我解释说，上个学期我和那位教授的关系不太好——我不喜欢他提出的一些建议，他也不满意我所回答的问题。"除此之外，"我又说道，"那家伙就是不喜欢我。"

克雷格俯视着下面的过路人。"或许你想错了，"他说，"或许是你在逃避他。你这样做，只因为你害怕。而他可能也觉得你不喜欢他，因此对你也就不那么友善了。人们都喜欢那些喜欢自己的人。如果你对他表示好感，他就会以同样的方式对待你。去跟他说说话吧。”

我试着下楼去了停车场。我热情地问候教授，并问他暑假过得如何。他看着我，表现出十分惊奇的样子。我们边走边谈，我可以想象出此刻克雷格正透过窗户看着我们，咧着嘴在笑。

克雷格向我解释了一个如此简单的概念，简单得让我难以相信自己竟从来不懂得这个道理。和大部分年轻人一样，我对自己缺乏自信。每一次与人接触，我都害怕别人会如何评价自己，同时，别人也在担心我会如何评价他们。从那天起，我不再注意别人眼中的评判，意识到人和人之间必须相互沟通的重要——并与人分享一些自己的秘密。

每一次短暂的会面都成为一次奇遇；而每个人的经历都是生活的一课。那些富人、穷人、有权势的人与孤独的人，都像我一样充满了梦想和疑虑，并且每一个人都有一个独特的故事可以讲述，只要我们用耳朵去听。

我们放走过多少如此珍贵的机会。那些人们认为相貌平凡的女孩儿，穿着古怪的男孩儿——他们像你一样有故事要讲，也像你一样梦想着有人愿意倾听他们的故事。

这就是克雷格所懂得的道理：先喜欢他人，再问一些问题，看看是否你投射在别人身上的光芒，会百倍地反射回你的身上。

智慧链接

人与人之间需要沟通，如果一味地在心里对别人做一些猜想，不去试着了解别人，就会失去许多与人交流的机会，使自己内心孤独，朋友越来越少。倘若你抛开杂念，坦然面对一切，心情会豁然开朗，头顶的天空会更蓝！

奉献是最无私的情怀

一个没有受到奉献的热情所鼓舞的人，永远不会做出什么伟大的事情来。

——〔俄〕车尔尼雪夫斯基

为了争取将来的美好而奉献自己生命的人都是一尊石质的雕像。

——〔捷〕伏契克

在别人困难时施以援手，其实也是在帮自己。

种下真诚的种子，就会结出真诚的果实

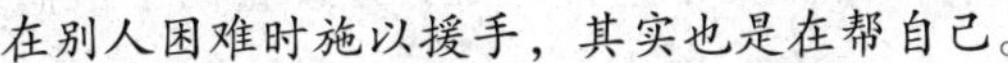

□谭小美

这是一个曾经流传欧美，如今已是鲜为人知的典型的善有善报的故事。

很多年以前，有两个穷小伙子在斯坦福大学边上学边打工。生活学习都太艰难了，他俩想和一位著名钢琴家合作，为他举办独奏音乐会，搞点钱交学费。

这位大钢琴家就是伊格纳希·帕德鲁斯基。他的经纪人和小伙子谈判，让他们交2000美元。也就是说，必须搞到2000美元，多余的钱才是小伙子们的。这笔钱在当时不是小数目，但却是大钢琴家演艺的时价，不能少了。小伙子们答应了，开始拼命工作，但是到音乐会开完，他们发现总共只挣了1600美元。

怀着至诚的心情，小伙子们去找大钢琴家。他们把所挣的1600美元全给了他，还附了一张400美元的空头支票，对他许诺说他们一定把余下的400美元挣到，钱一到手，立刻就会送来！“不，孩子们，”帕德鲁斯基回答说，“不必这样，完全不必。”说完他把支票撕成了两半，并把1600美元也送还他们手中说道：“从这些钱里扣除你们的食宿费和学费，剩下的钱里再多拿去10%，那是你们工作的报酬，其余的归我。”

许多年过去了，第一次世界大战结束了。帕德鲁斯基担任了波兰的国家总理。大战后成千上万饥饿的人民在呼救，身为总理的他四处奔波，付出了艰苦的努力。当时，能切实帮助他的只有一个人，就是美国食品与救济署的署长赫伯特·胡佛。胡佛得到了呼救的信息后，立刻答应了。不久，成千上万吨食品运到波兰。不久，帕德鲁斯基总理在法国巴黎见到了胡佛，当面向他道谢。胡佛回答说："不用谢，完全不用。帕德鲁斯基先生，有件事你也许早忘了。早年有两个穷大学生很困难，是你帮助了他们，而我就是其中一个。"

智慧链接

在别人困难时施以援手，其实也是在帮自己。只有真正懂得这个道理，当我们遇到困难时，才能得到别人真诚的帮助。有句歌词唱得对："只要人人都献出一点爱，世界将变成美好的人间。"所以请您不要吝啬的爱、你的同情心。只要付出，就一定会得到真诚的回报。

我抢过书，撕去包装，一阵巨大的绝望顿时袭上心头：两本小学课本竟然就骗走了妈妈的镯子！

最珍贵的废书

□袁国良

一天，收拾屋子，找出两本布满尘土的小学课本。女友说还不扔了？我抚摸着书半晌没说话。

书是我上高中时妈妈为我买的。妈妈是个一字不识的苗家妇女。家乡有种风俗，一个女人在去世时，口里必须含银（或金）才能入土为安。所以在贫困人家，攒钱置办一件小小的银饰便成了家庭生活的重要内容。那一年，妈妈起早摸黑喂了两口猪，终于置了一对银手镯。

在临近高考的那段日子，妈妈时常进城给我送些吃的。她知道我复习忙，每次都是匆匆来匆匆去。有一天，妈妈去了不久却又回来，拉我到僻静处：“孩子，我替你买了两本考大学的书。”

“什么！”我心里咯噔一下。常听人说学校外面时常有人用假书、假资料来骗那些来自山区一字不识的家长。

“人家说，只要用这书，考大学包中。”

“哪来的钱？”

“镯子换的。”

我抢过书，撕去包装，一阵巨大的绝望顿时袭上心头：两本小学课本竟然就骗走了妈妈的镯子！

“孩子，行吧？”

望着满怀期望的母亲，我强压下泪水和屈辱，“行，妈，行的！”

后来我考上了大学，妈妈高兴极了，说是两只镯子花得值。她甚至想找卖给他书的人道谢！

“你妈后来知道真相了吗？”女友问。

“没有。我永远都不会让她知道。”

智慧链接

“母亲”用一对银手镯为儿子换来了假的高考资料，当儿子考上大学时，母亲兴奋不已，直说两只镯子花得值，难不成她不知道那资料是假的！当然不知道，因为儿子早已把那当作“最珍贵的废书”“珍藏”了起来。

含有泪水的美丽的故事，折射出人间珍贵的母子亲情。

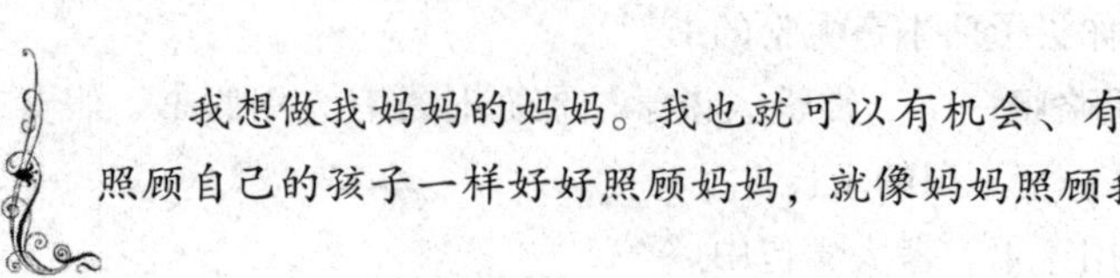

我想做我妈妈的妈妈。我也就可以有机会、有能力，像母亲照顾自己的孩子一样好好照顾妈妈，就像妈妈照顾我一样。

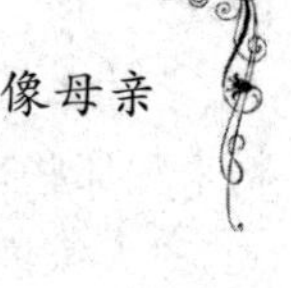

做妈妈的妈妈

□殷　卫

看电视媒体采访一对母女，女孩今年有十八岁了，正是如花似玉的年龄，可是因为多年前的一次意外导致重度残疾，只能躺在床上，孩子的母亲数十年如一日地细心照顾着她。

说起母亲对自己的呵护与关爱，女孩几次都哽咽了，说不下去。母亲坐在旁边，紧紧握着孩子的手，看见孩子哭，就帮她捋捋头发或是轻轻拍拍她的背。采访快结束的时候，主持人问孩子最大的心愿是什么，说如果有可能会帮助她实现。女孩没多想就说："我有一个最大的心愿，可惜永远实现不了，可是我依然想说出来——我想做我妈妈的妈妈。"这个心愿确实很新奇。主持人忍不住问为什么？孩子说："因为如果那样的话，我也就可以有机会、有能力，像母亲照顾自己的孩子一样好好照顾妈妈，就像妈妈照顾我一样。我觉得只有这样的方式，才能报答母亲的恩情。"所有人都被感动了，而那位母亲更是热泪盈眶。

世界上回报亲情的方法有千种万种，几乎每一种都可以通过我们自己的主观努力达到，而唯有这一种，似乎永无实现的可能，听来却最令人震撼与感动。

智慧链接

母爱，是这个世界上最伟大最崇高的爱，因此它让每一个感受此爱的人产生连天彻地的感动，也让他们情愿上天入地，粉身碎骨，誓死报答。

名誉要服务于大众，才有快乐；爱情要奉献于他人，才有意义；金钱要布施于穷人，才有价值，这种生活才是真正快乐的生活。

快乐之道

□柯　灵

某日，无德禅师正在院子里锄草，迎面走过来一位信徒，向他施礼，说道："人们都说佛教能够解除人生的痛苦，但我们信佛多年，却并不觉得快乐，这是怎么回事呢?"

无德禅师放下锄头，安详地看着他们说："想快乐并不难，首先要弄明白为什么活着。"

三位信徒你看看我，我看看你，都没料到无德禅师会向他们提出问题。

过了片刻，甲说："人总不能死吧！死亡太可怕了，所以人要活着。"

乙说："我现在拼命地劳动，就是为了老的时候能够享受到粮食满仓、子孙满堂的生活。"

丙说："我可没你那么高的奢望。我必须活着，否则一家老小靠谁养活呢?"

无德禅师笑着说："怪不得你们得不到快乐，你们想到的只是死亡、年老和被迫劳动，不是理想、信念和责任。没有理想、信念和责任的生活当然是很疲劳、很累的了。"

信徒们不以为然地说："理想、信念和责任，说说倒是很容易，但总不能当饭吃吧！"无德禅师说："那你们说有了什么才能快乐呢?"

甲说："有了名誉，就有一切，就能快乐。"

乙说："有了爱情，才有快乐。"

丙说："有了金钱，就能快乐。"

无德禅师说："那我提个问题：为什么有人有了名誉却很烦恼，有了爱情却很痛苦，有了金钱却很忧虑呢?"信徒们无言以对。

无德禅师说：“理想、信念和责任并不是空洞的，而是体现在人们每时每刻的生活中。必须改变生活的观念、态度，生活本身才能有所变化。名誉要服务于大众，才有快乐；爱情要奉献于他人，才有意义；金钱要布施于穷人，才有价值，这种生活才是真正快乐的生活。”

生命只有无私地付出才能彰显它的使命和意义。快乐则是在这种付出中体会到的。

爱心其实是很有限的，我们能给予别人的，真的不多。

爱心有限

□高　虹

没头没尾的，在电视里看到这样一个场景：一对夫妻神色黯然地把名叫小琴的女儿留在一个店铺，转身离去。女孩茫然地看着爹妈的背影，急急地比划着：“小琴爱爹，小琴爱娘……”她的手语打得飞快而流畅，但终究是无声的，爹娘没有回头地去了。

在本能的难受中我突然反应过来：我居然看懂了女孩的手语。是的，电视里没有交代说明，是我自己看懂的。

想起多年前我曾经学过手语。因为即将到聋哑学校去做一项工作，我们先参加了手语班的学习。开始我们兴致勃勃，相信自己爱心无限，为了和聋哑孩子沟通，为了让他们感受到真诚和平等，我们一定要努力学会他们的语言。于是列出大篇的句式，让手语老师一一教我们。手语老师接过去仔细看，他没有多说什么，开始都是简单的“你好”：食指伸出平平前送，表示“你”；然后向胸前收回，同时转伸出大拇指，朝上，表示“好”。

然后学“我喜欢你”“我们爱你”，等等。手语是一件相当麻烦和琐屑的事儿，一句话中的每一个字都要比划到位——要知道平时我们说“口语”都飞快，能省仨字决不多说俩字的，哪里耐得住如此艰苦卓绝的劳动！

当我们学到“你叫什么名字”时，分明新奇感少了，人也有些疲累了，起初龙飞凤舞的手也少了些生气，耷拉在胸前笨拙而迟疑地动着。这时口语老师笑了笑，把我们开出的单子往旁一推说：“好吧，最后再学一句吧。这一句是我给你们加的——我可以用纸和笔和你聊吗？”果然到了那所学校后，勉强比划了“你好”以后，我们用得最多的就是这句“我可以用纸和笔和你聊吗？”用手语和聋哑孩子交流沟通的雄心，早已烟消云散。

后来我想起口语老师的神态：我们雄心勃勃时，他微笑。他没有否定我们的真心，更没有怀疑我们的耐心和爱心，但是他一定知道——爱心和耐心并不是无限的。你看他的分寸掌握得多么好，早为我们准备好一句“我可以……”

我们的爱心其实没有自以为的那么多。

爱心其实是很有限的，我们能给予别人的，真的不多。

智慧链接

想想自己的所作所为，每天大多为生存奔波，能够贡献出去的爱心能有多少呢？为此，有能力的时候，我们一定要毫不犹豫去奉献，须知，积德行善是功德无量的事，何况，我们扪心自问：我们又奉献了多少爱心呢？

让自己的财富变成别人的幸福，自己也就拥有了给予的幸福。

比尔·盖茨的遗嘱

□黄小平

比尔·盖茨在福布斯世界富豪排行榜上已经连续六年位居榜首，而在美国《商业周刊》杂志发布的“现代50位最慷慨的美国慈善家排行榜”上，比尔·盖茨也是排名第一，他的捐款总额达到256亿美元，占他现在资产总数的60%。

最近，比尔·盖茨向外界公开了他的遗嘱，其中宣布把全部财产的98%留给自己创办的“盖茨基金”。“盖茨基金”创立于1999年11月，它启动的第一年，就投入60个捐助项目，捐款总额达14.4亿美元，比美国政府的捐款还多3亿美元。比尔·盖茨计划每年为“盖茨基金”新注入10亿多美元，其中60%的资金将用于贫困国家对抗疾病的项目上。当有记者问他创立“盖茨基金”的初衷时，他说：“财富是一种责任。目前全球有28亿人生活在贫困之中，有13亿人每天生活费不足1美元，有8亿人处于饥饿状态，有60%的人生活在基本卫生设施匮乏的地区。作为全球的首富，我有责任让自己的财富变成别人的幸福，为更多的人消除饥饿、贫穷和疾病。”所以早在2000年，在西雅图举行的一次“在发展中国家拓展电脑应用”的大会上，比尔·盖茨就语惊四座地说出了自己的观点：“世界上最贫困的8亿人口最需要的是医疗保健，而不是手提电脑!”

正是因为有了这种把自己的财富变成别人幸福的责任感，“盖茨基金”发挥了它应有的作用。它已经使非洲一些国家的儿童疫苗接种率有了大幅度提高，平均每个儿童的接种费用从以前不足1美元增加到现在的10美元。据统计，这些疫苗挽救了大约30万个生命，在未来10年拯救的生命将达到几百万人。

让自己的财富变成别人的幸福，自己也就拥有了给予的幸福。我想，比尔·盖茨获得的幸福与财富有关，但比财富本身更有意义。

富人最难得的是有一颗善心，全球首富的责任感和自信心使我们看到地球光明的未来。

有些事并不像它看上去那样。

天使借宿

□周　文

两个旅行中的天使到一个富有的家庭借宿。这家人对他们并不友好，并且拒绝让他们在舒适的客人卧室过夜，而是在冰冷的地下室给他们找了一个角落。当他们铺床时，较老的天使发现墙上有一个洞，就顺手把它修补好了。年轻的天使问为什么，老天使答到："有些事并不像它看上去那样。"

第二晚，两人又到了一个非常贫穷的农家借宿。主人夫妇俩对他们非常热情，把仅有的一点点食物拿出来款待客人，然后又让出自己的床铺给两个天使。第二天一早，两个天使发现农夫和他的妻子在哭泣——他们唯一的生活来源，一头奶牛死了。年轻的天使非常愤怒，他质问老天使为什么会这样，第一个家庭什么都有，老天使还帮助他们修补墙洞，第二个家庭尽管如此贫穷还是热情款待客人，而老天使却没有阻止奶牛的死亡。

"有些事并不像它看上去那样。"老天使答道，"当我们在地下室过夜时，我从墙洞看到墙里面堆满了金块。因为主人被贪欲所迷惑，不愿意分享他的财富，所以我把墙洞填上了。

"昨天晚上，死亡之神来召唤农夫的妻子，我让奶牛代替了她。所以有些事并不像它看上去那样。"

智慧链接

有些时候事情的表面并不是它实际应该的样子。如果你有信念，你只需要坚信付出总会得到回报。

爱没有重量，爱不是负担，而是一种喜悦的关怀与无私的付出。

爱没有重量

□佚　名

曾经听过这样一则故事，那是一则非常动人，而且发人深省的故事：

一位印度教徒，步行到喜马拉雅山的圣庙去朝圣。路途遥远，山路难行，他虽然携带很少的行李，但沿途走来，还是显得举步艰难。就在他的前方，他看到一个小女孩，年纪不会超过十岁，背着一个胖嘟嘟的小孩，也正缓慢地向前移动。

她气喘得很厉害，也一直在流汗，可是她的双手还是紧紧呵护着背上的小孩。

印度教徒经过小女孩的身边，很同情地对小女孩说："我的孩子，你一定很疲倦，你背得那么重!”

小女孩听了很不高兴地说：“你背的是一个重量，但我背的不是一个重量，他是我弟弟。”

没错，在磅秤上，不管是弟弟或包袱，都没有差别，都会显示出实际的重量，但就心而言，那小女孩说得一点没错，她背的是弟弟，不是一个重量，包袱才是一个重量。她对她的弟弟是出自内心的爱。

爱没有重量，爱不是负担，而是一种喜悦的关怀与无私的付出。

智慧链接

爱在孩子的心里是最纯洁、真挚的，小女孩一语道破天机——爱没有重量。她心中有爱，不怕路途遥远、烈日炎炎，甚至一切艰难险阻，她累并快乐着。

儿子呆呆地站着，眼睛一眨不眨地盯着父亲那只翻找东西的手，那只手冻得发紫，裂口的地方正淌着血水。

长大的一刻

□姗　姗

六年前一个冬日的午间，天空中还飘着零星的小雪，寒气袭人，路面很滑，行人很少。

走到楼下的小巷，她发现外面依旧很冷，赶紧加快了脚步，匆忙之中，她看到在不远处的垃圾堆前站着两个穿着极其单薄破烂的人，一个四十多岁光景的男人和一个六七岁光景的小男孩，像是父子二人。父亲弯下腰，蹲下身子，一只手拿着一只缺口的碗，一只手在垃圾堆里急急地翻找，儿子呆呆地站着，眼睛一眨不眨地盯着父亲那只翻找东西的手，那只手冻得发紫，裂口的地方正淌着血水。什么也没有找到！父亲回过头无奈地看着儿子，儿子还是呆呆地站着，盼着！父亲重新转过头继续不厌其烦地翻那一堆堆腥臭的垃圾。

她继续朝前走，走过了那个垃圾堆，走远了！但她的心很痛。

那两双无奈的眼睛不时跳跃在她脑子里，她的心情愈走愈沉重，她的脸上不知何时已挂上了晶莹的泪珠。不能再犹豫了，她猛然回转身，跑了回去。

庆幸的是父子俩还没有走，正呆呆地坐在雪地上，她打开书包，拿出所有的积蓄——七块三角五分钱放在小男孩的手上，并把自己的围巾给小男孩围上，父子俩的无奈表情一下变得愕然，不知所措地看着眼前这个背书包的小姑娘。

她赶紧低下头，轻轻地说："快去买点吃的吧。"然后，头也不回地跑了，当她赶到学校时已经迟到了，因此被记过一次，她没找老师解释，但连她自己也弄不清，从那天下午开始她变了，长大了。

今夜，坐在灯下，我的脑海里浮现的就是六年前的这一幕。

智慧链接

社会上有许多需要我们去帮助的人。而我们往往又觉得自己的力量很小，给予不了他们太大的帮助而放弃了。其实，一个人的能力虽然不大，但只要我们勇于伸出援助之手，就会为他人送去一丝温暖，哪怕只是一句关心的话语，对他人来说也是一种莫大的鼓励和安慰。是的，一个人的能力是有限的，但只要我们大家携起手来，这世界不就充满爱了吗?

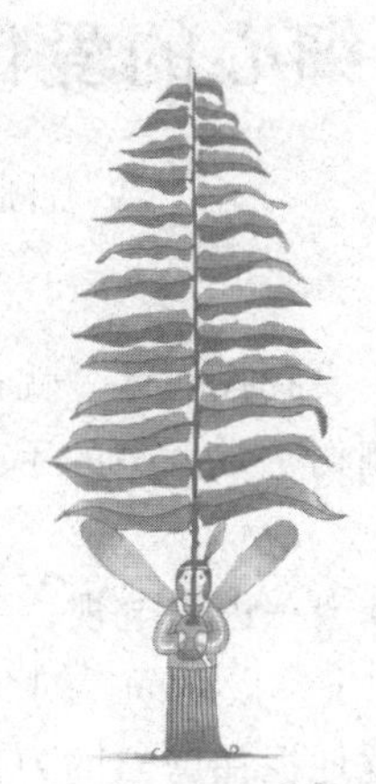

只有情感最使人陶醉

感情就像奔流的河水，浅处哗哗直响，深处无声无息。

——〔英〕雷 利

情感如同肥沃的土壤，知识的种子就播在这个土壤上。

——〔苏〕苏霍姆林斯基

他们都不约而同地将危险的部分留给自己，而将温柔的部分留给对方。

细心的爱传递

□张　翔

女友给我的衬衣缝纽扣，要我找根针。就在我将细小的针递到她手上时，她发出一声尖叫。针头刺伤了她娇嫩的手指，鲜血流了出来。伤着她的手，也伤着我的心。

回家，爸妈在看电视。母亲一边看电视，手中还一边拿着毛衣针在不停地为父亲织着毛衣。母亲织了一段时间，对父亲说："剪刀。"就在传递的瞬间，我看见父亲的手自觉地握住剪刀的刀口，而将剪刀的刀柄递给母亲。而母亲用完后又将剪刀递了过去，同样用手握住锋利的刀口，而将圆曲的刀柄留给父亲。

这是多么细心的默契的传递呀，他们都不约而同地将危险的部分留给自己，而将温柔的部分留给对方。

我不禁想起我给女友的那根针，我没有将针头留给自己，而将伤害带给了她，这是多么不细心的爱呀！

我们每天都活在爱里面，每天都在传递着彼此的爱，而我们每一次的传递都应该细心地注重方式，只有这样才能好好地爱下去。

智慧链接

“只要表达的是爱，用何种方式。都无所谓。”这话显然是行不通的。传递细小的针，传递线轴，都得细心，都得讲究传递的方式；否则，伤害的不仅仅是对方。

说到这，我不由得想起了曾经发生的一幕幕惨剧：父母望子成龙心切，结果把子女逼上了绝路；父母溺爱子女，以至于把子女送进了监牢；老师恨铁不成钢，对学生大打出手，导致学生伤残；老师嘲讽学生，学生承受不了，上吊自缢……

世上，不仅爱要讲究方式，任何事情都要讲究方式，只有这样才能打造一个和谐的社会，才不至于伤痕累累。

以后每次吃饭，小伙子都会坐到女孩的左边，两人都没有明说，但他俩都明白这爱的细节：因为她是左撇子……

爱的细节

□晓　雅

有一个女孩一直找不到合适的对象，并非她长得丑，也并非她条件苛刻，究竟为什么，她也说不清。

后来有人给她介绍了一位小伙子，小伙子文质彬彬，正是女孩喜欢的那种。两人交往了一段时间后，女孩又陷入了苦恼之中，她总觉得两人之间还欠缺点什么。

一次，女孩到小伙子家吃饭，人很多，桌子有点小，碰杯举筷多有不便，于是女孩减少了举筷子的次数。小伙子看见了，他起身离席，和女孩身边的人换了位子，坐到了她的左边，一瞬间，女孩因这小小的举动而充满了爱的温暖，感觉告诉她：他就是今生期待的那一个。

以后每次吃饭，小伙子都会坐到女孩的左边，两人都没有明说，但他俩都明白这爱的细节：因为她是左撇子……

智慧链接

有了爱的细节，因而有着爱的细心。一份呵护，一份爱心，女孩是幸福的。

他用一把钥匙，一把打不开仓库大门却用温情打造的钥匙，打开了我们的心门。

一把温情的钥匙

□白音格力

那时，我在深圳一家私人超级市场打工。每天卸车、装货，马不停蹄，挥汗如雨。可那位林经理却对我们很苛刻，幸好他的侄子，也就是我们的顶头上司仓库保管林恺还算通情达理，对我们格外关照。

某天，清点仓库时，林经理发现少了几包烟和几箱泡面。他便大动肝火，扬言一定要揪出那个不识好歹的“贼”。平时仓库的钥匙都放在值班室的抽屉里。为此，林经理就一个一个地把我们叫进办公室审罪犯似的审我们，让我们大为恼火。

查无结果，林经理一气之下，让林恺管仓库的钥匙，防贼似的防着我们三个打工仔。后来，仓库里货物又少了一些。于是我们每个人就如惊弓之鸟。

林恺握着那串钥匙去找林经理。半夜才回来，喜笑颜开地对我们三个说："虚惊一场，我和林经理一查进货单才发现，原来去年年底订货时香烟比往年少订了几条，泡面的订量也有问题。"我们三个这才舒了一口气，怨声载道起来。

接着他变戏法似的从口袋里掏出一大把钥匙，说："年关已近，仓库里的工作一定很忙，林经理让我每人给你们配一把钥匙，以便随时工作。他也让我转告你们别介意，他这个人脾气不好，见不得鸡鸣狗盗之事。"握着金闪闪的钥匙，我们有了一种当家作主的感觉，工作自然也干得尽心尽力，当卸下一车货时，我们就齐心协力地清点、入库，配合默契。有时清点完，略有剩余时间，我们就再清点一遍，以保证准确无误才入库。在这个过程中，我们发现因为疏忽漏点多点之事时有发生。所以我们商量，工作虽然卑微，可为了那串钥匙的信任，我们一定不能掉以轻心。

仓库失窃的事情自然再也没有发生过。

多年以后我才知道，那串钥匙，根本就打不开仓库的大门。难怪那些日子林恺总是第一个上班，早早地打开门。因为林恺发现，一个人心中的委屈多一点，付出就会少一点；付出少一点，获得就少一点。那时我们少的是别人的信任，别人的尊重，甚至别人一点点的温情。这才导致了仓库的"失窃"，其实仓库里丢失的货品就是被我们三个偷走，被我们三颗充满委屈、不甘而疏忽的心偷走的。

于是，他用一把钥匙，一把打不开仓库大门却用温情打造的钥匙，打开了我们的心门。

智慧链接

给予一份温暖，你会感到周围热情的火焰；给予一份挚爱，你会发现生命是如此多彩。信任不需要语重心长的解说，尊重也无须兴师动众地表现，只要我们献出一点真情，心中就不会再有冰山存在，哪怕只是一个善意的谎言。

当我每天都用腾出的那只手牵住爱人的手时，我并没有感到自己身上增加了什么，但当我那只手骤然抓空时，我会觉得失去了很多很多……

让一只手承受全部的重量

□李传亚

和女友一块儿去逛商店，买了一大包东西，由我拎着，女友专心地挑选。回来的时候，在路口看到一个卖西瓜的小摊，问问价钱，还挺合理，女友想买，我说别买了吧，你看我都快拎不动了。女友说，没关系，我来拎一点。

一个西瓜有七八斤重，我用左手拎着，其他所有买来的东西加在一起也有四五斤重，女友用右手拎着，当时我们都没有想到由我用两只手来拎。当两个人很自然地把空着的手拉在一起的时候，我们才猛然意识到，我们让一只手承受全部的重量，原来是为了腾出另一只手来相牵相伴！

听过这样一个故事，一个远居国外的男人，到邮局去给他的妻子拍电报，全文是："亲爱的妻，我在国外很想你，祝你圣诞节快乐！"当他掏钱付款时，发现身上带的钱差一点。于是他对邮局的小姐说，为了省钱，我可不可以去掉几个不必要的字？小姐说可以。但当她接过那丈夫删改过的电文时，发现去掉了"亲爱的"三个字。于是邮局那个小姐说："先生，你还是把'亲爱的'三个字添上吧，钱由我来付。你不知道，这三个字对一个女人来说有多重要！"

我一直深深感动于这个故事的平淡和深情。当我每天都用腾出的那只手牵住爱人的手时，我并没有感到自己身上增加了什么，但当我那只手骤然抓空时，我会觉得失去了很多很多……

爱的表现方式有很多种，但你可知道，最真挚的最真实很简单的爱其实就是让一只手承受外界全部的重量，同另一只手相牵相伴，传递绵绵不尽的爱。

爱不需要言语，也不需要复杂的方式，哪怕是一个眼神，一个动作，幸福便会悄然而至。

若人到花甲、古稀的年纪，仍有机会在节日的时候，恭恭敬敬地说上一声“父亲、母亲节日快乐！”那是怎样一种人生的圆满！

永远的孩子

□王力军

春节前，我去邮局发信，坐在我旁边的老人向我借笔填写汇款单，老人头发花白，年纪有六十多岁。看到他在汇款单上写下1000元，我猜想，他可能是给正在外边上学的儿女汇款吧。——真是可怜天下父母心啊！

出乎我的意料，老人填完汇款单后，又在附言栏中端端正正地写道：“祝父亲、母亲大人节日快乐！”原来他是在给父母汇款，我先是一阵惊异：这老者竟然还有双亲健在。接着心中便涌起一阵感动：老人这年纪应该已经是儿孙满堂了，也到了被儿孙所孝敬的年纪，却仍然不忘尽儿女之孝！

当老人把钢笔还给我的时候，我发现他的眼眶竟然湿润了，那神情，完全像是一个想家的孩子。莫非每一个人都是这样，只要有父母健在，无论多大年纪，他仍然是一个孩子！

走出邮局，我的心情很不平静。是啊，一个人在青年时期先是执着地追求自己的爱情和事业；到中年时，又为自己的家庭、工作，儿女的生活、学习，不停地劳苦奔波；等到人生之秋时，可能才会想起自己多年来对父母的一份最不应该的疏远。而在这个时候，绝大多数人已经是“子欲孝而亲不在”。试想，若人到花甲、古稀的年纪，仍有机会在节日的时候，恭恭敬敬地说上一声“父亲、母亲节日快乐！”那是怎样一种人生的圆满！

智慧链接

有种感情与生俱来，有种责任无法推卸，这就是亲情。在父母的心中儿女永远都排在第一位，时时刻刻都牵挂着自己的儿女，而儿女们则往往是在父母不在世时才想起自己应该如何孝敬他们。这就是父母对儿女之情与儿女对父母之情的差别。

人世间永远报不完的就是父母恩，多点时间陪陪父母吧，对他们好一点。不要当失去时才去后悔没有珍惜。愿我们都能以反哺之心奉敬父母，以感恩之心孝顺父母！

她艰难地站起身来，平静地笑了笑说：没关系，我也是刚到一会儿，没有等很久。

没有等很久

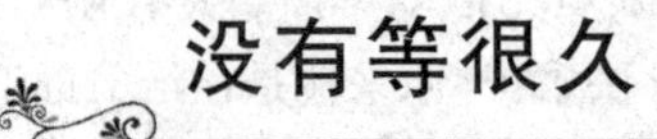

□佚　名

男孩和女孩常常相约在镇上孔子庙后面的板栗树下见面。

男孩总爱迟到。他每次到达的时候，女孩早已站在树下等他了。男孩见女孩的第一句话总是说：对不起，我来晚了。女孩总是抿嘴微微一笑说：

没关系，我也是刚到一会儿，没有等很久。

那时男孩才 18 岁，女孩刚过完 16 岁生日。

时间一天天过去，孔子庙后面的板栗树越来越蓊郁，男孩和女孩也长大了，双方父母为他们订下了婚约。

婚礼的前一晚，月亮很大很圆，明晃晃地照在板栗树上，深秋的夜风有点凉意。男孩把女孩紧紧地拥在怀里，说：我会好好疼你一辈子的。被拥在男孩怀里的女孩感到呼吸困难，但她却不愿男孩松开。

鞭炮放起来了，婚礼开始了，但迟迟不见新郎来迎亲。这时有人跑来报信，说新郎在来迎娶新娘的路上被国民党抓壮丁了。女孩听到这个消息，顿时就昏了过去。

被抓了壮丁的男孩打过仗，负过伤，最后随军去了台湾。到了台湾后，他日夜思念着自己的未婚妻，不知道她结婚了吗？有孩子了吗？还常去那棵板栗树下吗？

后来，他结婚了，有了四个孩子，不过他一直没有停止对那个女孩的怀念。

一晃过了 46 个春秋，他的老伴患病去世了。他放不下故乡旧情，终于踏上了大陆的土地。可是，家乡小镇早已物是人非。孔子庙被拆了，那里现在是一条商业街，不过那棵板栗树还在，只是树下早已不见了女孩当年熟悉的身影。

他绝望了。

不过，有关部门终于帮助他联系到了当年那个女孩。令他惊异的是，这么多年来，她一直没有嫁人，还在孤独而执着地等待他！

他和她相约当天晚上在那棵板栗树下见面。又是一个月圆夜，风还如 46 年前一样，凉凉的。

他急匆匆地走向那棵板栗树，远远地看见树下坐着一个满头白发的老太太，他的心一动，快步向她跑去。

听见脚步声，老太太慢慢地抬起头来——那熟悉的眼神，让他蓦地停下来，老泪涌出眼眶。过了一会儿，他一步一步向她走近，终于停在了离她两步远的地方，哽咽着说：对不起，我来晚了……

她艰难地站起身来，平静地笑了笑说：没关系，我也是刚到一会儿，没有等很久。

智慧链接

她从一个16岁的花季少女等成了一个白发苍苍的老太太。整整46年，但他们再度见面之时，她仍是平静地笑笑说："没关系，没有等很久。"一句跨越了46年的话语让人瞬间有了一份泪盈于心的感动。地老天荒、海枯石烂、真正的爱情，一切都在这一句话语的平平淡淡中被诠释。历经岁月的浸滤，爱情是那橄榄蜜汁的泪滴，充盈心间，震撼灵魂。

幸福原来是这样的让人猝不及防。

打开心灵的钥匙

□王　佳

沙莲娜是美国加州大学最年轻的讲师，比尔是加州一位年轻有为的律师，新婚还不到一年的他们已经开始感受到了爱情被婚姻包围住以后的枯燥和无奈。但他们都还记得他们浪漫的新婚之夜。

他们是第一批报名在加州大酒店举行新创意集体婚礼的。在集体婚礼的舞会上，比尔和沙莲娜的舞蹈得到了很多赞美和祝福。那天晚上，当他们要求回他们的新婚房间时，主持婚礼的司仪给了他们每人一把钥匙，这让他们莫名其妙。晚上当比尔和沙莲娜一起赶到属于他们的新房时，发现那个用两颗心叠在一起的锁好别致呀，他掏出自己的钥匙插在左面的锁孔里，门锁不动，右面也不行。比尔让沙莲娜试一下，也不行，沙莲挪建议两个一起来，于是比尔把自己的钥匙又插了进去，同时转动钥匙，门开了。

在房间里等待着的有蜡烛、浪漫的音乐，还有几个时尚杂志的记者，他们把陶醉在爱情中的比尔和沙莲娜拍摄成了明星一样的人物，还上了杂志封面。

婚后的日子一直被这种快乐的浪漫包围着，他们都认真地经营自己的感情，培养着爱情的土壤和花。然后，时间把一切有香味的东西都逐渐淡忘，渐渐地他们有了争吵。迟到的雨具和被淋病了的沙莲娜，偶尔放错调料的咖啡和比尔的愤怒，渐渐地，比尔开始嫌弃沙莲娜不懂得爱情的细节，不懂得在他的咖啡里多加些方糖，而沙莲娜也发现比尔一直不注意她新更换了一套裙子，她还发现比尔开始有说话不自然的电话，甚至有时候借口工作加班不回家吃晚饭。直到比尔提出了分居。

沙莲娜实在受不了这种有隔阂的生活，同意了比尔的要求，在收拾她自己的东西的时候，她发现她的钥匙——不是钥匙，是一个像钥匙一样的纪念品。原来是他们新婚之夜酒店奉送给他们用玉石打制的两把钥匙的纪念品，酒店里给它的名字叫“幸福匙”，可以凭这一对钥匙免费消费一个晚上。两个人同时打开一扇门，幸福的钥匙打开幸福的门。沙莲娜忽然想到了这样的主意。

比尔也不知道沙莲娜为什么心血来潮非要去加州大酒店里住一个晚上然后才同意分居。他们又一次被分配到了新婚之房，不知怎的，当比尔把钥匙插进锁孔，看了一眼沙莲娜的时候，他一下子好像回到了一年前，那一双柔柔的眼睛里不满是关心吗？一二三，门开了。令比尔意外的是和他们新婚时一样的设计，蜡烛和音乐。那一瞬间，一切琐碎的细节都显得好笑，而真正的爱情并没有远离他们。

第二天，比尔郑重地向沙莲娜请求，婚后的恋爱开始了，我能再一次请你出去吃饭吗？看着比尔的那个姿势，沙莲娜一下子笑出了声。幸福原来是这样的让人猝不及防。

时常，在心灵与心灵产生隔阂的时候，我们总是抱怨别人的不理解和冷漠，但我们总是忘记自己的那把钥匙，通往别人心灵的那把钥匙，能打开自己，也能打开别人。多一些沟通，多一些理解，用一颗宽容的心去包容对方，只有这样，才能敞开心扉，用心去爱。

只有你能使人安慰。

两个得到安慰的人

□伏尔泰

大哲学家西多斐尔，有一天对一个确实有理由伤心的女子说：“太太，伟大的亨利四世的女儿，英国的王后，曾经和你一样的遭难：她被逐出国；遇到大风暴，几乎死在海洋里，又眼看她的丈夫英王被送上断头台。”“我代她难过。”那太太说完，又叹起自己的苦经来。

“可是，”西多斐尔说，“你别忘了玛丽·斯图亚特，她诚心地爱着一个音乐家，嗓子很好的男中音。她的丈夫当着她的面把音乐家杀了。接着，玛丽的至亲好友，自称为童贞的伊丽莎白女王，把她关了19年牢，又在断头台上挂着黑布，砍了她的头。”那太太回答：“那真是残酷极了。”说完她又一味想着自己的悲痛。

安慰她的人又道：“拿波里的王后，美丽的耶纳被人捉住而掐死的事，也许你听人说过吧？”那太太回答：“我大概有点记得。”

哲学家说：“我得告诉你另外一个女王的故事：就在我年轻的时候，她吃过晚饭被人篡位，后来死在一个荒岛上。”太太回答：“这件事我全知道。”

“还有一个大名鼎鼎的公主，我要把她的遭遇告诉你，我还劝慰过她呢。她和一切大名鼎鼎而美丽的公主一样，有一个情人。公主的父亲走进她卧室，撞见了她的情人。看见他脸上升火，眼睛亮得像红宝石，公主的脸色也非常兴奋。父亲看了那青年的脸，大为厌恶，打了他一个从来没有人打过的大巴掌。情人拿起一把钳子砸破了岳父的头，好容易才治好，至今留着伤疤。女的吓昏了，从窗里跳下去，跌坏了脚，到现在走路还看得出是瘸的，虽则腰身很好看。男的因为把一个伟大的诸侯砸破了头，被判了死刑。你不难想象，看着情人被押去吊死，公主是怎么样的心情。有很长一段时间，我常到牢里去看她，她自始至终只和我提到她的苦难。”

那太太道：“那么你为什么不许我想到我的苦难呢?”哲学家道：“因为那是不应该想的；因为有那么多的名门贵妇受过那么大的罪，你再灰心绝望就不大得体了。你得想想埃居勃，想想尼奥勃。”那太太回答：“如果我碰到这两人的遭遇，或是碰到那许多美丽的王后的遭遇，如果你为了安慰她们而对她们讲我的苦难，你想她们会听吗?”

第二天，哲学家的独生儿子死了，他痛不欲生。那位太太叫人把所有死了儿子的帝王，列成一张表，交给哲学家，哲学家看了，认为很正确，可并未因此减少他的悲痛。过了三个月，他们重新见面，很奇怪地发觉彼此心情都很愉快，他们叫人替时间立了一座美丽的像，下面题着：

只有你能使人安慰。

智慧链接

失去亲人的创伤是难以痊愈的，虽然有很多人远比我们遭受的痛苦要大，但那毕竟是别人的痛苦，自己不能感同身受。医治创伤最有力的武器是时间，只有时间的流逝能慢慢治愈曾经受创的心灵。

天色就暗了下来，雾气笼罩了四周，山冈、树林、小溪、鸟语、水声也渐渐变得不明朗起来。

打开心窗

□马　德

有好多天了，惠能小和尚独坐寺内，郁闷不语。

师傅看出其中玄机，自也不语，微笑着引领弟子走出寺门。

门外，是一片大好的春光。

师傅依旧不语，怀抱春光，打坐于万顷温暖的柔波之上。

放眼望去，大地之间弥漫着清新，半绿的草芽，斜飞的小鸟，动情的小河，惠能和尚深深地吸了口气，偷窥师傅，师傅正安详地打坐于半山坡上，心中空无一物。

小和尚有些纳闷，不知师傅的葫芦里到底装着什么药。

过了上午，师傅才起来，还是不说一句话，一个手势，领着弟子回到寺内。

刚入寺门，师傅突然跨前一步，轻掩了两扇木门，把小和尚关在了寺门外。

小和尚不明白师傅的意旨，径自坐在门前，半天纳闷不语。很快，天色就暗了下来，雾气笼罩了四周，山冈、树林、小溪、鸟语、水声也渐渐变得不明朗起来。

这时，师傅在寺内朗声叫他的名字。

进去后，师傅问："外边怎么样了呢?"

惠能答："全黑了。"

"还有什么吗?"

"什么也没了。"惠能又问答说。

"不，"师傅说，"外边还是清风、绿野、花草、小溪，一切都还在。"

惠能突然顿悟，明白了师傅的苦心，所有笼罩在心头的阴霾也很快一扫而空。

打开心窗，让阳光射入，你会发现世界原本绚丽多彩。关闭心窗，你只能与黑暗和孤独为伴。你将何去何从？

选择一朵花做钓饵，只可能吸引一些蝴蝶和小蜜蜂，却依然可钓到心满意足的美好和欢乐。

钓蝴蝶的小姑娘

□佚 名

我的邻居中有一对喜欢垂钓的夫妇，却有一个七岁的不爱钓鱼的小女儿。每到周末，经常听见那小女孩委屈的哭泣声。

记得那是一个云淡风轻的午后，正被一些资料弄得焦头烂额的我听到一阵银铃般的欢笑声，我循声抬头望见邻居的阳台上伸出一根精致的钓鱼竿，末端垂挂的竟是一朵盛开的娇艳的玫瑰。有一只五彩斑斓的蝴蝶正绕着那朵玫瑰花翩翩飞舞，手握鱼杆的是那“不爱钓鱼”的可爱的小姑娘。我好奇地走过去问她在干什么，小姑娘高兴地说：“我用玫瑰花钓到了一只美丽的蝴蝶。”

我的心猛地一震，记起了小姑娘曾悄悄对我说过她也喜欢垂钓，喜欢和父母一起欣赏那美丽的郊外风光。但是她不忍心看到尖锐的鱼钩刺破鱼儿的嘴，所以每一次她都宁愿选择独自留在家中。

我又望了一眼那小女孩，午后的阳光正斜照在她的脸上，她如天使般可人。而那朵悬挂在半空中的玫瑰花，默默地散发着幽幽的甜香，就像一颗纯洁的童心在金色的阳光下闪闪发光，又如一泓碧水——清澈见底。

选择一朵花做钓饵，只可能吸引一些蝴蝶和小蜜蜂，却依然可钓到心满意足的美好和欢乐。不知在这个浮华喧嚣的现实生活中，究竟还有几个人依旧保持着那份纯真，选择这条云淡风轻、充满阳光的欢乐之路。

智慧链接

孩童是天真无邪的，他们纯洁的心田像一张素洁的白纸，没有雕琢，没有掩饰，他们的天真如同一枝初绽的花朵，纯而又纯，使我们眼前的世界明媚可爱，心底的天地洁净无瑕。

“玫瑰与蝴蝶”让我们领略了一个孩子美妙的内心世界，使我们的心灵得到荡涤，让我们冰封的真情、善良、仁爱得以苏醒。

她慈祥的眼睛平静地望着我，像深深的潭水……

唯一的听众

□落　雪

用父亲和妹妹的话来说，我在音乐方面简直是一个白痴。当然，这是他们在经受了无数次折磨之后下的结论，在他们听起来，我拉的小夜曲就像是在锯床腿。这些话使我感到沮丧和灰心。我不敢在家里练琴，直到我发现了一个绝妙的去处。就在楼区后面的小山上，那儿有一片很年轻的林子，地上铺满了落叶。

第一天早上，我蹑手蹑脚地走出家门，心里充满了神圣感，仿佛要去干一件非常伟大的事情。林子里静极了。沙沙的足音，听起来像一曲幽幽的小令。我在一棵树下站好，心剧烈地跳起来。我不得不大喘了几口气使它平静下来。我庄重地架起小提琴，像一个隆重的仪式，拉响了第一支曲子。但事实很快就令我沮丧了，似乎我又将那把锯子带到林子里。我懊恼极了，泪水几乎夺眶而出，不由地诅咒："我真是一个白痴！这辈子也甭想拉好琴！"当我感觉到身后有人并转过身时，吓了一跳，一位极瘦极瘦的老妇人静静地坐在一张木椅上，她双眼平静地望着我。我的脸顿时烧起来，心想这么难听的声音一定破坏了这林中和谐的美，一定破坏了这老人正独享的幽静。我抱歉地冲老人笑了笑，准备溜走。

老人叫住我，她说："是我打搅你了吗？小伙子。不过，我每天早晨都在这儿坐一会儿。"有一束阳光透过叶缝照在她的满头银丝上，格外晶莹。"我猜想你一定拉得非常好，只可惜我的耳朵聋了。如果不介意我在场的话，请继续吧。"我指了指琴，摇了摇头，意思是说我拉不好。"也许我会用心去感受这音乐。我能做你的听众吗？就在每天早晨。"我被这位老人诗一般的语言打动了；我羞愧起来，同时暗暗有了几分兴奋。嘿，毕竟有人夸我，尽管她是一个可怜的聋子。我拉了，面对我唯一的听众，一位耳聋的老人。她一直很平静地望着我。我停下来时，她总不忘说上一句："真不错。我的心已经感受到了。谢谢你，小伙子。"如果她的耳朵不聋，一定早就捂着耳朵逃掉了。我心里洋溢着一种从未有过的感觉。

很快我就发觉我变了，家人们表露的那种难以置信的表情也证明了这一点。从我紧闭小门的房间里，常常传出阿尔温、舒罗德的基本练习曲。若在以前，妹妹总会敲敲门，装作一副可怜的样子说："求求你，饶了我吧！"我现在已经不在乎了。我站得很直，两臂累得又酸又痛，汗水早就湿透了衬衣。但我不会坐在木椅子上练习，而以前我会的。

不知为什么，总使我感到忐忑不安，甚至羞愧难当的是每天清晨我都要面对一个耳聋的老妇人全力以赴地演奏；而我唯一的听众也一定早早地坐在木椅上等我了，并且有一次她竟说我的琴声能给她带来快乐和幸福。更要命的是我常常会忘记了她是个可怜的聋子！

我一直珍藏着这个秘密，直到有一天，我的一曲《月光》奏鸣曲让专修音乐的妹妹感到大吃一惊，从她的表情中我知道她现在的感觉一定不是在欣赏锯床腿了。妹妹逼问我得到了哪位名师的指点？我告诉她："是一位老太太，就住在12号楼，非常瘦，满头白发，不过——她是一个聋子。""聋子?!"妹妹惊叫起来，仿佛我在讲述天方夜谭，"聋子?！多么荒唐！她是音乐学院最有声望的教授，更重要的，她曾是乐团的首席小提琴手！而你竟说她是聋子!"

我一直珍藏着这个秘密。珍藏着一位老人美好的心灵。每天清晨，我总是早早地来到林子里，面对着这位老人，这位耳"聋"的音乐家，我唯一的听众，轻轻调好弦，然后静静拉起一支优美的曲子。我感觉我奏出了真正的音乐，那些美妙的音符从琴弦上缓缓流淌着，充满了整个林子，充满了整个心灵。我们没有交谈过什么，只是在这个美丽的早晨，一个人轻轻地拉，一个人静静地听。我看着这位老人安详地靠着木椅上，微笑着，手指悄悄地打着节奏。我全力以赴地演奏，也许会给老人带来一丝快乐和幸福。她慈祥的眼睛平静地望着我，像深深的潭水……

后来，我已经能足够熟练地操纵小提琴，它是我永远无法割舍的爱好。在不同的时期，我总会遇到一些大家组织的文艺晚会，我也有了机会面对成百上千的观众演奏小提琴曲。我总是不由地想起那位耳"聋"的老人，那天清晨我唯一的听众……

智慧链接

鼓励的作用是巨大的，它可以让一个人从信念崩溃的边缘退回到有勇气、有信心、有能力面对一切挑战的境地，无论这鼓励，这支持来自于一个多么微不足道的人身上。

理解是两颗心的重叠

为解决问题而读，你会觉得比漫无目的啃书本，有更多的乐趣。

——〔芬〕阿尔图里·维尔塔宁

最卓越的东西，也常是最难被人理解的东西。

——〔法〕雨 果

真正的爱，是用不着表达的，深藏心底，哪怕死了以后能泽及亲人。

牵挂

□刘绍义

我听到这样一个真实故事。

一个得了绝症的老头，性格暴躁，动不动就对自己年迈的妻子发脾气。望着精心侍候他，白天黑夜连轴转，眼睛都熬烂的老太婆，医护人员于心不忍，都劝她想开点："他已是快入土的人了，别生他的气。"没想到老太婆的眼泪一下子掉了下来，悄悄走到病房外，对医护人员说："他是故意对我发脾气，好让我生气讨厌他，他是害怕他走后我老思念他呀！"

真正的爱，是用不着表达的，深藏心底，哪怕死了以后能泽及亲人。

智慧链接

文章短小精悍，感人肺腑。

《牵挂》没有直接写老头对年迈妻子的关心，而是通过另一种让他人难以理解的方式来表达自己的爱意。正是这种浓浓的爱意衬托着人间最深、最美的真情。

面对病痛，老人并不恐惧，他所担心的是妻子会在思念他的痛苦中度过。因为有一种痛苦，叫做思念。

我紧紧拉住母亲那布满老茧的手，俩人哆嗦着，一步步上楼，直到迈进那温暖的家里，仍不晓得分开。

骚扰电话

□勇　军

单位分了一套新房，我们一家三口欢天喜地搬了进去，留下老母亲一人仍孤零零地呆在旧房里。

也曾想与老母一起搬进新房，可妻子早就与老母闹矛盾，儿子也不愿与唠叨的奶奶在一起，只好作罢，只哄说今后每星期一定来看妈。

我们的心情随着新房明快起来，生活充满了欢歌笑语，记忆中的老房子渐渐生疏模糊起来，也懒得再去走动。

一天，我从外地出差回来，妻子告诉我说家里经常有莫名其妙的电话打来，刚一接对方马上就挂断了，感到十分奇怪。我说如今城里有些青年闲得无聊，专爱听女人声音求刺激，骚扰别人，你莫管他。可不久我也接连不断接到此类电话，有时夜深人静伏案写作，电话铃响了，刚一声“喂”，对方顿了一下，马上就挂断了，弄得我灵感顿失，有时忍不住一通臭骂。

一个星期天，一家人忙着准备晚饭，我备好钱正准备下楼买酱油，电话铃又响了，顿了一下便挂断，我十分恼火，说明天一定上邮局安置一个来电显示或防恶意呼叫功能，看到底是何人捣乱，告他个骚扰罪。气呼呼下楼时我突然见楼梯底下一黑影猛一闪急欲出门，吃了一惊，可一见那人步履蹒跚，便一声：“站住”，断住来人去路。再一看，我惊呆了：啊，是母亲！

母亲一见我，赶紧低下头，说对不起，不该打此电话骚扰你们，让你下楼看我。我更奇怪了，我问母亲难道这些电话都是你打的？母亲头更低了，说有时想你们想得太厉害，可又不敢常来看你们，只好打个电话听听你们的声音，心里就踏实多了。又说偶尔几天家里电话没人接，就担心不过，想是不是家里出了事？也不来通知我一声。有时我很晚仍听出你在读书写字，真想劝你多保重身体，可你总嫌啰嗦只好闷在心里。每个星期天，我都乘车到你新家楼下，听一家三口欢声笑语，心里无比蜜甜。

我一下子什么都明白了，霎时泪水模糊了我的双眼。母亲怔怔看着我，两行清泪也不由自主地落了下来。我紧紧拉住母亲那布满老茧的手，俩人哆嗦着，一步步上楼，直到迈进那温暖的家里，仍不晓得分开。

智慧链接

都说养儿能防老，可有几个儿子娶妻生子以后能把老人接在一起住的。老人千辛万苦把儿子抚养大，到老来却难以享受儿孙绕膝的天伦之乐，心中是多么悲苦啊！文中这位母亲，虽然儿子居了新家早已把她忘记，却时时牵挂着他的衣食住行，又不敢贸然闯进他的家庭，只好一遍又一遍地打“骚扰电话”，这是多么慈爱，多么伟大的母爱啊！

文章流千古，怎敢不严肃负责呢！

为何要自讨苦吃

□白　金

《宋样类抄》记载，欧阳修写了一篇《昼锦堂记》，起初开头两句是“仕宦至将相，富贵归故乡”。文章写好之后，派人骑马给在京都的宰相韩琦送去。可是，文章送走后，欧阳修继续反复琢磨，总觉得开头那两句写得不够理想，便又用心认真修改，写成一篇新稿，再次派人给韩荷送去，并附书曰："前有未是，可换此本。"再说宰相韩琦先后接到两篇《昼锦堂记》后，匆匆读了一遍，未觉出有何大的不同；再细细读了一遍后，才发现第二稿中开头两句已改成"仕宦而至将相，富贵而归故乡"，比前一稿多加了两个"而"字。正因为如此，文气便显得舒缓曲折，富有阴柔之美了。

欧阳修的写作，历来注重流畅、简练。《醉翁亭记》开头仅用"环滁皆山也"五个字，就把滁州的自然环境托现出来，可谓妙笔。一次，他与两友人在街上看到一只狗被马踏死。他提议以最简练话语叙述之。两友人各用了12个字写出，而欧阳修提笔只写了"逸马杀犬于道"6个字，便道出事件之情况，令友人钦佩。

欧阳修行文的基本功是经长期磨炼而成的。平常他总是把文稿贴在墙上，反复推敲修改，直到晚年还是这样。"为求一字稳，耐得半宵寒。"妻子见他如此，心痛地劝他，"这样自讨苦吃，难道还怕先生骂吗?"欧阳修笑着答道："非怕先生骂，须知后生可畏啊!"他的意思是，文章流千古，怎敢不严肃负责呢!

智慧链接

古往今来，喜欢自讨苦吃的人层出不穷。贾岛吟诗，反复推敲；古人学习，悬梁刺股；邓稼先为了中国的原子弹隐姓埋名……我想，当我们懂得了什么叫爱，什么叫责任，什么叫危机的时候，我们也会义无反顾地选择自讨苦吃。

每个人心中都有一块属于自己的特殊的角落，你只不过是听厌了我的歌。

爱情歌曲

□王建功

就在凯莉·切斯荷姆的结婚一周年纪念日及25岁生日前夕，她发现自己并没有如她想象地那么了解她的丈夫。这一发现是由她的丈夫戴维每天早晨去淋浴时哼的小调产生的。戴维作为网球手，总能拿到高分，可是要作为一个歌手，只会扯着嗓子尖叫。

在他们婚后不久的日子里，凯莉是那么喜悦，以致于她确信自己欣赏那荒唐可笑的音调，并不介意戴维嘶哑的嗓音。

然而，随着时间的流逝，这支歌开始让她不安、烦乱。干吗老唱这个，不唱别的?

在她涮洗碗碟时，丈夫歌词中的“玛丽·安”仍缠绕着她。她知道有关戴维在高中时代的罗曼史，也了解他大学时的恋人。在他们相爱的日子里，凯莉也曾对戴维提到过自己的一两个旧情人，但谁也没有成为她的歌乐声中不朽的小伙子。

婚后一年，她找到了和戴维的共同爱好。然而，她却对玛丽·安一无所知。玛丽·安犹如一扇拒她而入的门。

几天后的晚上，凯莉和戴维被西蒙和爱丽丝老两口请去吃了晚饭，在他们手挽手散步回家的路上，凯莉对戴维说道：

“跟我谈谈她。”

“谈谁?”

“玛丽·安。”

“怎么想起这个?”

“她是我大学里的戏剧课教师。”戴维说。

“迷你的老太太?”她松了口气。

“并不太老，大概比我大 4 岁。”在家门口，他掏出钥匙边开门边说，“她是另一个我想与之结婚的女人。这就是你真正想知道的，是吗？真有那么严重?”

她在他之前走进了屋子，小心地掩饰着自己。这突然而来的一阵嫉妒使她感到自己幼稚而愚蠢。

不过她拒绝了我。”戴维微笑着说。

“她很漂亮吗?”凯莉嘴上这样问，心里却希望她并非如此。

“她有修长的身材，加上那黑头发和大眼睛，很迷人。”戴维说，“当然，她是一个常因精彩表演而被观众掌声打断的演员。”

“她后来的情况怎么样?”

“不知道。你干吗问这些？这已经是好多年以前的事了。”

“我想我是嫉妒了。”她笑着默认道。

戴维微笑着伸出手臂搂住了她。

“你是我非常信赖的妻子。”他吻了吻她的鼻尖，“每个人心中都有一块属于自己的特殊的角落，你只不过是听厌了我的歌。”

智慧链接

夫妻之间发生矛盾是正常的，但应该及时的解决，以免时间长了产生误会。夫妻之间的感情是建立在相互信任与体贴之上的，夫妻之间应多一点爱护，多一点谅解。

他好像看见妻子双手捧着水果盘，像小孩似的，高兴地跳了起来。

重要的日子

□杨立业

威尔斯本来不打算近几天给妻子科拉买任何礼物，但当他看见红色玻璃水果盘时，不由地心头一动，那几乎是他见过的最漂亮的水果盘。他心想无缘无故地给她买件礼物肯定会让她大吃一惊，她太喜欢这一类东西了，不过他自己对这些东西可一窍不通。

"让我看一下这个吧。"威尔斯对售货员说。

"好的，先生，您要不要和水果盘配套的水果碟?"

他突然想起带的钱不够，连忙抱歉地说："今天不买了，谢谢，以后再买吧。"几分钟后，他踏上了回家的路。

他们住在一间面积不太大的房子里。尽管这间房子相当古老，可位置很佳，这儿离威尔斯工作的办公室不远。在屋前拐弯处，有一个车站，过两条横马路就是大商场，科拉在那儿几乎能买到她需要的所有东西。邻居都非常友好，他们经常在一起度过一些美好的时光。总之，他俩在这儿生活得非常幸福。第二天早上，当威尔斯离家上班时，发现科拉似乎心事重重。她是一个温柔、多情的女人。每天，她都要吻别他，说声"再见"，然后，有点不舍地目送他去上班。可今天她很少说话，只提醒他一定给弗兰克大伯送去生日卡片。

威尔斯问她是不是不舒服。"不。"她答道。

但威尔斯明显感觉到肯定有什么事情搅乱着她的心。那么是什么事呢?

"晚上回来不要迷路。"她说。

"她说这句话是什么意思?"威尔斯问自己，"算了，人一年四季不可能天天高兴。"

威尔斯倚坐窗前，眺望车外，心里还想着科拉那奇怪的举动："是不是我说的什么话惹她生气了？不可能，因为如果她不喜欢我说的话，会给我指出来的。不咎既往，一切会好起来的……"

一到办公室，威尔斯就埋头工作，把科拉忘得一干二净，当他下班路过前一天去过的商店时，蓦地，想起那个水果盘，它肯定能让她忘掉心中的烦闷。他非常爱她，不想让这个世界上的任何事情伤害她的心。就他来说，使妻子高兴是他的首要责任。

这车为什么开得这么慢？威尔斯抱怨起来。他小心翼翼地打开裹着水果盘的纸包，放在膝盖上独自欣赏起来。他好像看见妻子双手捧着水果盘，像小孩似的，高兴地跳了起来。一位年轻的妇女羡慕地对水果盘看了一眼，然后看了看威尔斯，最后又以责备的目光看着自己的丈夫。

威尔斯心想：对呵，让你丈夫也给你买个吧！

下车后，威尔斯兴奋地向家里奔去。当科拉打开门，接过纸包，高兴得几乎晕过去。他看她身着盛装，有点异常，良久，才懵懂地说："你真漂亮！"科拉激动得说不出话来，好半天，才喃喃地说："我还以为你忘了。"

"忘了？"

"看来，你比我记得更清楚，你真沉着，早上走时对今天的日子不露声色，我不由地伤心起来。现在，我才明白你故意这样，真会捉弄人。"趁着她打开纸包这个间隙，威尔斯用手捶着头想，这天究竟是什么日子？

"噢，真好看，这是我见过的最漂亮的水果盘，哪位妻子在结婚周年能收到比这更好的礼物？"她欣喜若狂地吻着他。

他心有余悸地接受着她的亲吻，不免恨起自己："今天是我们结婚五周年，我怎么这么大意？"

智慧链接

爱情与婚姻虽然是两码事，但它们关系却是非常密切的，爱情的浪漫是甜蜜婚姻的前提。

他看到沙发中沉睡的苍老的父亲，他突然记起母亲生前也曾像妻子一样，常常抱怨父亲的鼾声，吵得她每晚都无法入睡的唠叨……

爱在鼾声中

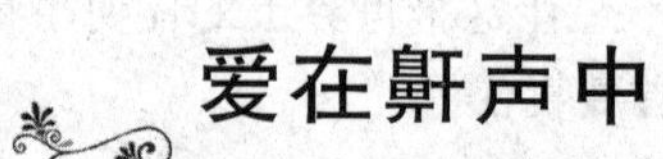

□张　翔

他在城市中经过几年的摸爬滚打，终于在城里买了一套两室一厅的房子，娶了一个贤惠的妻子，平淡幸福地过着日子。

过年的时候，他从乡下接来父亲与妹妹来城里过。

房间显然是不足的，于是，他决定与父亲共睡一张床，而让妹妹与妻子同睡。

晚上，父子俩长谈之后，他们上床睡觉。

他没有马上睡去，而是强打精神，一直坚持到深夜，没有听到任何的声响，确认父亲已经睡去之后，才沉沉睡去。因为他睡觉时总是鼾声如雷，为此妻子曾屡屡抱怨过，而他同样怕吵着父亲不能入睡。

第二天早晨，父亲早早地起了床，一副精神抖擞的样子。妻子很懂事，问父亲是否睡好，父亲的回答是肯定的，他想这也不枉他一片苦心了。

早饭后，他们一起出去，父亲说不想出去，留在了家中。

才走了一会，他忽然想起自己忘了办公室的钥匙，他折回了家中，他一进门就听到客厅传来的巨大鼾声。他看到沙发中沉睡的苍老的父亲，他突然记起母亲生前也曾像妻子一样，常常抱怨父亲的鼾声，吵得她每晚都无法入睡的唠叨……

父亲与儿子之间的骨肉情深，也许没有轰轰烈烈，但是却在日常小事中体现得如此隽永。父子之间的相互关心、相互体贴让人心中涌动着一股股的暖流。绵绵的父子情让我领略到了人间至真至诚的亲情。

我们只是希望人们倾听我们的歌。

谢谢你倾听我的歌

□部　落

几年前的冬天，我所在的小城来了一支乐队。几个浪子般的年轻人，背负着吉他与鼓，风尘仆仆地在广场附近住了下来。

他们每天都在广场上演唱自己写的歌。鼓手把鼓敲得很有节奏，吉他低沉地应和，他们唱得很动情，甚至唱着唱着流出了眼泪。然而，小城的人总是无动于衷地漠然处之。广场每天有无数人经过，他们大都是看一眼便匆匆而去。人们都忙着谋生、忙着奔波，再说，小城里有谁可以欣赏那些呐喊一般的音乐呢？小城人的心目中，只有民歌和革命时代的歌曲才是最动听、最正统的音乐。

4个年轻人当然很失望，但还是抱着一点儿希望继续在小城卖艺。他们天天用歌声向人们诉说他们的故事。

我去看演出是一个极偶然的午后。那时下着小雨，我给母亲送伞。经过广场时，4个年轻人冒着雨在狂声高歌，他们的头发被雨水浸透了，凌乱地贴在头上。雨水流到脸上，但没有谁用手去擦一擦。我看见广场周遭店铺里的人都向他们张望，那些目光仿佛很不屑。

“……听我们的歌吧，尽管它不能带给你什么……”我很喜欢那个男孩儿那种沙沙的嗓音，于是拄着伞在雨中倾听。

一曲终了。我以为他们会继续唱下去，他们却向我走过来。几只手友好地向我伸来，我有点儿不知所措。

“谢谢，谢谢你听我们的歌。”一位男孩儿说。

他絮絮地说起他们的经历。他们来自山清水秀的大理，走过全国许多大都市、小城镇。他们喜欢音乐，喜欢吉他和鼓，这些带给他们很多真实的感受。

“我们一抱起吉他就觉得浑身来劲。”另一个男孩儿说，“风餐露宿我们习以为常了。一顿红烧肉是我们难得的美餐，最苦的时候，我们几个偷偷地跑到建筑工地去喝自来水充饥。”他们满不在乎地笑。

他们说：“我们只是希望人们倾听我们的歌。”无人理解是人生最大的烦恼，我深深地明白这一点。当身边的人不理解我为何夜以继日地忘情写作，不理解我对负心的情人一笑了之，不理解我为了采访一个案子而在冬夜的城市里奔波，我便想起那支乐队。

每年都会收到乐队的一纸贺卡。贺卡上尽是一个个陌生的地址。——为着一份理解，无论是天南地北，无论是山水相隔，他们从不曾忘记给我捎来一份浓得化不开的祝福。

智慧链接

当周围的人对你嗤之以鼻，有一个人像天使般地走进你，这就是理解；几个男孩儿对艺术的狂热追求，使作者驻足聆听他们的歌声，关注他们的经历，这就是理解。理解会给人以巨大的力量与温暖，使人终身难忘。理解是交流的润滑剂，人与人之间需要理解，有了理解世界将更美好！

让我们高呼理解万岁！

我再也没有像以前那样随便花钱，因为从那一夜开始，我开始走向成熟。

那一夜，我开始成熟

□余　罗

那天夜里，我睡得很晚，可翻来覆去怎么也睡不着。“唉……”几声叹息过后，又听见爸妈在谈些什么。我轻轻下了床，悄悄躲在他们房门前的墙角偷听。门半开着，里外没有开灯，他们自然看不到我。

这时妈妈又开口了“唉，今天下班听说单位要裁一部分人，我好担心自己会不会被‘炒’喽。你看，这几个月就上个月拿了点钱，不知这个月的工资……”“是呀，这一年多，到处都在下岗、待业，我们单位听说也要调一部分走，不过，我是大学生，按理不会。”爸爸应声说。“我就怕被裁下去。你看，孩子马上就要上初中，这千把元的学费怎么交得起。妈妈又说：“是啊，这孩子什么都好，就是用钱大手大脚的。以前随随便便惯了，现在让她节俭点，她会听吗？给她说多了，又影响她学习。”“是啊，这孩子。对了，时间太晚了，明天还要上班，快睡吧。”妈妈轻声说：“睡吧。”我仔细听完父母的对话，小心地回到床上，然后便哭了，哭我太不懂事了，一点儿也不体谅爸爸和妈妈。

一年多来，家里的开支越来越紧，小小的我自然不知道爸妈的工作面临“危机”。有时他们和我谈节俭，我也听不进去，还不以为然地顶撞，爸妈听了，也只有叹气，并不多说什么……

第二天早上，我很早就起来了，给爸妈准备好了早餐。爸妈起床后，对从不煮饭的我的这一举动非常吃惊。我走到他们面前，低声说“爸、妈，昨晚你们的话，我都听见了。以前，我不知道这些，希望你们原谅我。从今往后，我不要零用钱了，我要为你们分忧……”话还没说完，妈妈一把搂住我，她哭了。“孩子懂事了。”妈妈说道。

后来，爸妈并没有被裁下去。经过努力，妈妈评上了“高级教师”，爸爸也升了职，他们的工资同时提高了不少，家里又宽松了。但我再也没有像以前那样随便花钱，因为从那一夜开始，我开始走向成熟。

智慧链接

“我”听到父母间的谈话，从一个爱吃零食，不怎么听话的女孩，变成一个乖乖女。

生活缘于感动，正是因为这样或那样的感动让我们更加热爱生活，正是因为感动让我们的灵魂更加纯洁。

老师，您现在站在山顶，往下看我这个无名小卒，把我看得很渺小；但您也应该知道，我在山下往上看您，您也同样很渺小！

站在山下看你

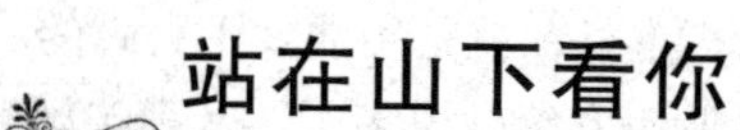

□继　固

父亲有位朋友，是位知名画家。几乎每次去他家，总能遇上有青年画家登门求教，他也总是很耐心地给人看画指点，常常一耽搁就是大半天。对于有潜力的青年画家，他还热心地向有关部门、媒体推荐，更是消耗了大量的时间和精力。我知道他的时间很宝贵，而提携后辈完全是尽义务的，就忍不住问他：“伯父，您何必呢？你随便画一幅画就是几千上万元，多画点画多好，何必都把时间浪费在这些小人物的身上？”

他愣了愣，然后笑着说：“我给你讲个故事吧。40年前，有一个青年拿了自己的画到省城，想请一位自己敬仰的画家指点一下。那画家看这青年是个无名小卒，连画轴都没让青年打开，就说自己有事，下了逐客令。那青年走到门口，转过身说了一句话：‘老师，您现在站在山顶，往下看我这个无名小卒，把我看得很渺小；但您也应该知道，我在山下往上看您，您也同样很渺小！’说完转身扬长而去。因为这件事，这青年后来发愤学艺，总算有了一点小名气。但他时刻记得那一次冷遇，时刻提醒自己，一个人是否形象高大，并不在于他所处的位置，而在于他的人格、胸襟、修养——你猜对了，当年的那个年轻人，就是我。”

最后，父亲的朋友画了一幅画送我，我把它挂在书房里。那幅画是一座山峰，山顶有一个人往下看，山下有一个人往上看，两个人果然是一样大小的。

智慧链接

从山顶上看人，你会觉得山下的人很渺小，但是你有没有想到山下的人在看你的时候你同样也很渺小，人任何时候都不能自高自大，这样你才能受到别人尊敬，收获的更多。

竞争是争业绩不是争是非，我忍你一次不会忍多次，如果你实在不服，咱们可以请上司来评理。

公司的争吵

□马　强

6月的一天，上司对公司上半年的营销状况极不满意，当着众同事的面，甩出一沓报表，把主管营销的毛先生臭骂一顿。问题其实出在广告宣传上，毛先生有许多委屈，但不便马上反驳，否则将是火上浇油。他把上司的意见记在笔记本上，待上司情绪平稳后才说：能否听我解释？

他先肯定了营销工作确实有待改进，然后提出对广告宣传的意见。

上司听他侃侃而谈，十分重视，随即招来广告部负责人与毛先生一起共商对策，事情就这样圆满地解决了。

朱先生是毛先生的同事兼对手，见上司喜欢差遣毛先生，心有不服，便时常找碴儿针锋相对。毛先生采取的态度是不卑不亢。平时十分注意把与之相关的工作处理得当，让朱先生无话可说，遇到对方不识趣非要恶言相向，毛先生仍不愠不火。等到单独相处时，毛先生正色道：“竞争是争业绩不是争是非，我忍你一次不会忍多次，如果你实在不服，咱们可以请上司来评理。”

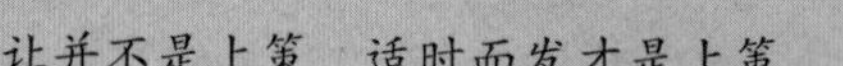
“万事以忍为上”，但忍让并不是上策，适时而发才是上策。

要学会适当拒绝别人。

小张与妻子

□毕　笙

小张又跟妻子吵架了，原因又是小张的猪朋狗友向他借钱，小张难以开口说“不”，只好委屈自己把钱借给他们。

“你有什么不好意思说‘不’的呢？钱可是我们自己的，借给他们是人情，不借给他们也是天经地义的，又不是你欠他们的钱不还。”小张妻子吼道。

“但是，拒绝别人总是不好意思的嘛，而且人家问我们借钱，也一定是有他们的难处。”小张很委屈。

“好的，如果他们说要我们把房子送给他们，你也难道难以拒绝全部给他们吗？就是由于你的钱好借，所以他们才天天来向你借钱。”小张妻子又吼道。

的确，小张妻子讲得不无道理，就是因为小张平时对借钱的人来者不拒，人家才经常找他借钱。如果懂得了适当拒绝别人，既不会得罪朋友，也不会委屈自己。

辛勤工作，就这么简单。

叫出5万人的名字

□几 凡

吉姆·佛雷10岁那年，父亲就意外丧生，留下他和母亲及另外两个弟弟。由于家境贫寒，他不得不很早就辍学，到砖厂打工赚钱贴补家用。他虽然学历有限，却凭着爱尔兰人特有的热情和坦率，处处受人欢迎，进而转入政坛。他连高中都没读过，但在他46岁那年就已有四所大学颁给他荣誉学位，并且高居民主党要职，最后还担任邮政首长之职。

有一次有记者问起他成功的秘诀，他说：“辛勤工作，就这么简单。”记者有些疑惑，说道：“你别开玩笑了！”

他反问道：“那你认为我成功的原因是什么？”

记者说：“听说你可以一字不差地叫出1万个朋友的名字。”

“不，你错了！”他立即回答道，“我能叫得出名字的人，少说也有5万。这就是吉姆·佛雷的过人之处。每当他刚认识一个人时，他定会先弄清他的全名、他的家庭状况、他所从事的工作，以及他的政治立场，然后据此先对他建立一个概略的印象。当他下一次再见到这个人时，不管隔了多少年，他一定仍能迎上前去在他肩上拍拍，嘘寒问暖一番，或者问问他的老婆孩子，或是问问他最近的工作情形。有这份能耐，也难怪别人会觉得他平易近人，和善可亲。

智慧链接

你会发现，牢记别人的名字，并正确无误地唤出来，对任何人来说，是一种尊重、友善的表现。所以不要认为名字只是一个代码，它意味着一种认可和肯定。

启迪是直通心灵深处的隧道

一切学科本质上应该从心智启迪时开始。

——〔英〕罗 素

平庸的老师只是叙述，好的老师讲解，优异的老师示范，伟大的老师启迪。

——〔英〕威廉·亚瑟·瓦尔德

细菌研究，这成了他生活中的最大乐趣。

科赫迷恋细菌学

□苏　三

科赫是德国科学家。在哥丁根大学医学院毕业时，他23岁，然后在一个地区当医生。工作之余，他迷上了细菌研究，这成了他生活中的最大乐趣。这个浓厚的业余爱好兴趣竟促成了他三项重大发现：一是他发现了炭疽苗的活动规律，使人畜免于这种绝症的侵害造成的死亡；二是他征服了人类最可怕的绝症——肺结核；三是成功地分类出了霍乱弧菌。

智慧链接

兴趣是发现领域的灯塔，指引人类走向成功。

我们千万不要主观臆断地判定一件事。

猫国审案

□吴宗达

猫法庭开庭审判个案件。

有猫警告发，在猫国森林边缘发现了一种怪猫：长着猫头，行着猫国捕鼠的营生，却到处招摇撞骗，宣称自己不是猫，也不是兽，而是鸟，还不时披展双翼飞上天空，蛊惑猫众。

经白猫、黑猫及不白不黑的猫组成合议庭审议，作出如下判决：

“首级乃定性之根据，既为猫首，本质为猫无疑；生态乃确凿之旁证，既营捕鼠，本属猫国公民无疑。自称为鸟者，如非猫国精变为妖，亦属鸟中衍生之怪，已不可称谓为鸟，故应断其首归之猫国，斩其翅归之鸟国。捕鼠之功则记于猫国名下……”

此判决既未抄送鸟国协助审议，也未允许“怪鸟”申诉，“怪鸟”终于可怜地被肢解了。这是猫头鹰们的悲剧。

智慧链接

凭着自己的经验、知识，主观臆断，这样的闹剧在生活中并不少见。

猱不住地搔，并在老虎的头上挖了个洞，老虎因感觉舒服而未觉察。猱于是把老虎的脑髓当作美味吃个精光。

忧患意识

□陆祖贤

明朝作家刘元卿，在一篇题为《猱》的短文中记述了这样一个故事：猱的体形很小，长着锋利的爪子。老虎的头痒，猱就爬上去搔痒，搔得老虎飘飘欲仙。猱不住地搔，并在老虎的头上挖了个洞，老虎因感觉舒服而未觉察。猱于是把老虎的脑髓当作美味吃个精光。

智慧链接

用“生于忧患，死于安乐”诠释上面的故事，是恰如其分的。经济生活中，类似的行为也很多。有很多的企业，由强变弱，最终惨遭淘汰。尽管这些企业败走麦城的原因各不相同，但有一点却是共同的，即缺少一种忧患意识和危机意识，安而忘危，缺少远虑，对面临的危险认识不足、准备不足，最终导致企业失败。

你们明明是12头，但你们只有眼睛看人，不看自己，所以数来数去只有11头啦！

十二头猪

□明　扬

12头猪涉水过河。到达彼岸时，最年长的猪队长，便开始点数，惟恐遗漏。

“一头，二头，二头……”

它数了几次，总是少了一头。

“奇怪？刚才还没有过河时，明明是有12头的，怎么现在却少了一头，难道有一头被水冲走了？各位帮忙数一数好不好？

猪仔们听队长这么一说，便数了起来。但数来数去都是11头。

它们都开始紧张起来。

此时，有名牧童骑牛走过，见到这情景，大笑起来。

那猪队长生气地说：“你笑什么？我们都在着急，你却帮也不帮，还在笑！”

那牧童说道：你们明明是12头，但你们只有眼睛看人，不看自己，所以数来数去只有11头啦！”

智慧链接

在生活中，有许多人总是以两只眼睛来看别人的错误，这个不好，那个不是，为什么不瞧瞧自己呢？

结果，回到围墙外的狐狸仍旧是原来那只狐狸。

狐狸与葡萄

□陈　湘

有一只狐狸看到围墙里有一株葡萄树，葡萄树上结满了诱人的果子。狐狸垂涎欲滴，它四处寻找进口，终于发现一个小洞，可是洞太小了，它的身体无法进入。于是，它在围墙外绝食六天，饿瘦了自己，终于穿过了小洞，幸福地吃上了葡萄。可是后来它又发现吃得饱饱的身体让它无法钻到围墙外，于是，又绝食六天，再次饿瘦了身体。结果，回到围墙外的狐狸仍旧是原来那只狐狸。

智慧链接

对于生活而言，一滴水有时候就是一片海。关于人生的许多道理不必用海去诠释，一滴水足够。

除非你耕作一块属于自己的田地，否则是绝无好收成的。

本　色

□顾　欣

柏林是美国历史上著名的作曲家。他刚出道的时候，一个月的收入只有120美元。当时在音乐界正如日中天的奥特雷很欣赏柏林的能力，就问柏林是否愿意做他的秘书，每月的薪水有800美元。

“如果你接受的话，你可能会变成一个二流的奥特雷；但如果你坚持自己的本色，总有一天会出现一个一流的柏林。”奥特雷忠告他。柏林最后接受了忠告，没有去做奥特雷的秘书，而是继续执著地走着自己的音乐道路，并最终成为了著名的音乐家。

其实，每一位成功者，不外乎就是保持自己的本色，并把它发挥得淋漓尽致。伟大的喜剧演员卓别林刚踏入影坛时，导演坚持要他学当时非常有名的一位德国喜剧演员，但卓别林不为所动，潜心创造出属于自己的表演方式，终于成为一代喜剧大师。这大千世界，有许多美妙的东西，可是，除非你耕作一块属于自己的田地，否则是绝无好收成的。

一个人有一个人的天性，一个人有一个人的活法。这个世界上独一无二的你，需要保持本色。

苹果好在自己有苹果的味道，香蕉好在自己有苹果、桃子所没有的味道，如果苹果的味道与香蕉和桃子相同，那就没有人再去栽植苹果树了，如果香蕉的味道和苹果相同，那也就没人再去栽植香蕉了。

保持自己的特色，保持自己与众不同的东西，那么你就有了别人不能替代的价值。

它们被你挽救了生命，却也会因你而失去更加珍贵的天性，失去本该属于它们的长空和蓝天……

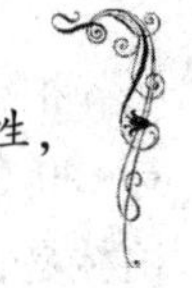

失落的鸟蛋

□浩　然

狂风暴雨，乌云翻卷。寺院的槐树上，一窝斑鸠巢摇摇欲坠，里面的鸟蛋依稀可辨。细心的比丘冒雨在树下等了好长时间，硬是接住了两只失落的鸟蛋。

为了让鸟蛋孵出鸟儿，迎接即将诞生的生命，比丘非常爱惜地把两只鸟蛋揣在自己的怀里。

风雨过后，这事被智兴禅师知道了，他找到比丘，让他把鸟蛋交出来，并要他爬到树上再造一个惟妙惟肖的斑鸠巢，然后，把两只鸟蛋放回“原处”。

一切都放置妥当后，智兴禅师把比丘拉进屋里说：“物以类聚，人以群分。生物都有它们自己的生存法则和生活习性，是万万破坏不得的。这两只鸟蛋如果在你的怀里孵出来，你再辛辛苦苦地把它们抚养大的话，这两只鸟的命运就太令人担忧了。它们被你挽救了生命，却也会因你而失去更加珍贵的天性，失去本该属于它们的长空和蓝天……”

禅师话音未落，两只惊魂未定的老斑鸠已飞回来，有一只正缩着翅膀落进窝里。

智慧链接

爱心有时候是福祉，有时候是樊笼。鸟儿属于蓝天，心灵属于自由，过多的宠爱和约束会葬送它们的天性。

失去的东西，会让我们非常留恋，即使它们残缺，也让我们舍不得放弃。

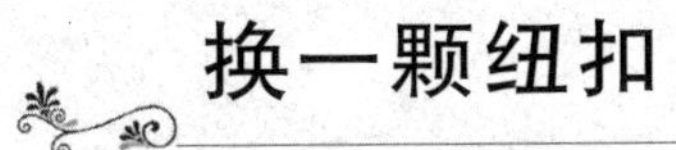

换一颗纽扣

□王晶晶

一位女孩与男友相恋了3年。正值谈婚论嫁之时，男友却意外地因车祸丧生。女孩悲痛欲绝，将自己封闭起来，不愿再踏入新的情感世界。

女孩常穿着男友生前送给她的鹅黄色套装。上面有两颗晶莹剔透的水晶扣。每当女孩穿着套装，就觉得男友仿佛并没有离开她。可是有一天，女孩不小心把其中一粒扣子弄丢了。

水晶扣象征着他俩的爱情，可只有一颗扣子的衣服怎么能穿呢？女孩更加伤心。

母亲劝告她，不如丢弃剩下的那颗，重新换上两粒新扣子。她听从了母亲的建议。费了很多工夫，终于找到两颗造型更加独特的扣子，扣子的中间是粉红色的花，镶着一道银边，下面吊着一只蝴蝶，看上去反而比以前的更加美丽了，女孩看着这两颗新纽扣，仿佛忽然领悟到什么，很快也就走入了新的情感世界。

失去的东西，会让我们非常留恋，即使它们残缺，也让我们舍不得放弃。

智慧链接

失去的东西，常常让我们非常留恋，然而覆水难收，失去的已不可能再拥有。因此，要想获得崭新的人生，就必须勇敢地舍弃过去重新开始，这样才能书写人生的新篇章！

现在我不要很多，只需要一个安静地方坐一会儿，歇一会儿，我太累了。

施舍的树

□谢尔·西弗斯汀

从前有一棵树，她很爱一个男孩。每天，男孩都会到树下来，把树的落叶拾起来，做成一个树冠，装成森林之王。有时候，他爬上树去，抓住树枝荡秋千，或者吃树上结的果子。有时，他们还在一块玩捉迷藏。要是他累了，就在树荫里休息，所以，男孩也很爱这棵大树。

树感到很幸福。

日子一天天过去，男孩长大了。树常常变得孤独，因为男孩不来玩了。

有一天，男孩又来到树下。树说：“来呀，孩子，爬到我的树干上来，在树枝上荡秋千，来吃果子，到我的树荫下来玩，来快活快活。”

“我长大了，不想再这么玩。”男孩说：“我要娱乐，要钱买东西，我需要钱。你能给我钱吗?”

“很抱歉，”树说，“我没钱。我只有树叶和果子，你采些果子去卖吧，卖到城里去，就有钱了，这样你就会高兴的。”

男孩爬上去，采下果子来，把果子拿走了。

树感到很幸福。

此后，男孩很久很久没有来。树又感到悲伤了。

终于有一天，那男孩又来到树下，他已经长大了。树高兴地颤抖起来，她说：“来啊，男孩，爬到我的树干上来荡秋千，来快活快活吧。”

“我忙得没空玩这个。”男孩说，“我要成家立业，我要间屋取暖。你能给我间屋吗?”

“我没有屋，”树说：“森林是我的屋。我想，你可以把我的树枝砍下来做间屋，这样你会满意的。”

于是，男孩砍下了树枝，背去造屋。树心里很高兴。

但男孩又有好久好久没有来了。有一天，他又回到了树下，树是那样的兴奋，连话都说不出来了，过了一会儿，她才轻轻地说：“来啊，男孩，来玩。”

“我又老又伤心，没心思玩。”男孩说：“我想要条船，远远地离开这儿。你给我条船好吗?”

“把我的树干锯下来做船吧。”树说：“这样你就能离开这里，你就会高兴了。”

男孩就把树干砍下来背走，他真的做了条船，离开了这里。

树很欣慰，但心底里却更难过。

又过了好久，男孩重又回到了树下。树轻轻地说：“我真抱歉，孩子，我什么也没有剩下，什么也不能给你了。”

她说：“我没有果子了。”

他说：“我的牙咬不动果子了。”

她说：“我没有树枝了，你没法荡秋千。”

他说：“我老了，荡不动秋千了。”

她说：“我的树干也没了，你不能爬树。”

他说：“我太累，不想爬树。”

树低语说：“我很抱歉。我很想再给你一些东西，但什么也没剩下。我只是个老树墩，我真抱歉。”

男孩说：“现在我不要很多，只需要一个安静地方坐一会儿，歇一会儿，我太累了。”

树说：“好吧，”说着，她尽力直起她的最后一截身体，“好吧，一个老树墩正好能坐下歇歇脚，来吧，孩子，坐下，坐下休息吧。”

男孩坐在树墩上。

智慧链接

树很爱男孩，男孩也很爱树。在爱的驱使下，树奉献了它的果实、枝叶、树干，以及它的根——树墩。我觉得树如母亲，母亲如树，为了孩子，母亲同样奉献了她的青春、心血，甚至生命，更可贵的是，这种奉献不求丝毫回报，世上恐怕只有母亲能做到这一点。